"健康贵州"丛书·第四辑

毒蘑菇的那些事

贵州省疾病预防控制中心　编
郭　华　朱　姝　李海蛟　主编

贵州科技出版社
·贵阳·

图书在版编目(CIP)数据

毒蘑菇的那些事 / 贵州省疾病预防控制中心编；郭华，朱姝，李海蛟主编 . -- 贵阳：贵州科技出版社，2024.10. -- ("健康贵州"丛书 / 胡远东，刘涛主编). -- ISBN 978-7-5532-1320-0

Ⅰ . S859.87-49

中国国家版本馆 CIP 数据核字第 2024651CA0 号

毒蘑菇的那些事
DUMOGU DE NAXIESHI

出版发行	贵州科技出版社
地　　址	贵阳市观山湖区会展东路 SOHO 区 A 座（邮政编码：550081）
网　　址	https://www.gzstph.com
出 版 人	王立红
策划编辑	杨林谕
责任编辑	鄢莛钰
经　　销	全国各地新华书店
印　　刷	贵州新华印务有限责任公司
版　　次	2024 年 10 月第 1 版
印　　次	2024 年 10 月第 1 次
字　　数	80 千字
印　　张	8.75
开　　本	710 mm × 1000 mm 1/16
书　　号	ISBN 978-7-5532-1320-0
定　　价	45.00 元

《毒蘑菇的那些事》
编辑委员会

主　编：郭　华　朱　姝　李海蛟

副主编：田继贵　周倩倩　左佩佩　章轶哲　吴安忠

编　委：郭　华　贵州省疾病预防控制中心

　　　　朱　姝　贵州省疾病预防控制中心

　　　　李海蛟　中国疾病预防控制中心职业卫生与中毒控制所

　　　　田继贵　贵州省疾病预防控制中心

　　　　周倩倩　贵州省疾病预防控制中心

　　　　左佩佩　贵州省疾病预防控制中心

　　　　章轶哲　中国疾病预防控制中心职业卫生与中毒控制所

　　　　吴安忠　贵州省疾病预防控制中心

　　　　代　华　贵阳市疾病预防控制中心

　　　　晏云富　贵阳市疾病预防控制中心

　　　　熊　毅　遵义市疾病预防控制中心

　　　　段明香　遵义市疾病预防控制中心

刘　颖	遵义市疾病预防控制中心
董光镨	遵义市疾病预防控制中心
杨　胜	遵义市疾病预防控制中心
王灵秋	安顺市疾病预防控制中心
赵春怡	安顺市疾病预防控制中心
詹江南	铜仁市疾病预防控制中心
杨　琪	铜仁市疾病预防控制中心
唐　福	六盘水市疾病预防控制中心
孙章刚	六盘水市疾病预防控制中心
杨龙剑	毕节市疾病预防控制中心
潘　俊	黔南布依族苗族自治州疾病预防控制中心
潘　牛	黔西南布依族苗族自治州疾病预防控制中心
李若田	黔西南布依族苗族自治州疾病预防控制中心
黄　俊	黔西南布依族苗族自治州疾病预防控制中心
侯兴华	黔东南苗族侗族自治州疾病预防控制中心
白明书	黔东南苗族侗族自治州疾病预防控

　　　　　制中心
何　勇　仁怀市疾病预防控制中心
文海江　务川仡佬族苗族自治县疾病预防控制中心
广跃松　正安县疾病预防控制中心
张礼华　正安县中医院
罗登雁　播州区疾病预防控制中心
邹　敏　桐梓县疾病预防控制中心
令狐小浪　桐梓县疾病预防控制中心
安　燕　凤冈县疾病预防控制中心
胡建国　余庆县疾病预防控制中心
韩属华　道真仡佬族苗族自治县疾病预防控制中心
秦　霞　钟山区疾病预防控制中心
柳昌富　盘州市疾病预防控制中心
黄朝阳　碧江区疾病预防控制中心
张文武　思南县疾病预防控制中心
张太康　德江县疾病预防控制中心
高江华　松桃苗族自治县疾病预防控制中心
黎俊峰　松桃苗族自治县疾病预防控制中心
黄　飞　沿河土家族自治县疾病预防控制中心

邱雪莎	玉屏侗族自治县疾病预防控制中心
张世兰	兴义市疾病预防控制中心
滕树洪	册亨县疾病预防控制中心
陈莎莎	紫云苗族布依族自治县疾病预防控制中心
张睿梁	西秀区疾病预防控制中心
龙 怡	镇远县疾病预防控制中心
田景芝	黄平县疾病预防控制中心
代小兰	凯里市疾病预防控制中心
罗贤俊	龙里县疾病预防控制中心
罗德俊	惠水县疾病预防控制中心
唐正威	罗甸县疾病预防控制中心
胡杏枚	大方县疾病预防控制中心
敖慧婷	清镇市疾病预防控制中心
陈 婷	花溪区疾病预防控制中心
刘 俊	白云区疾病预防控制中心
李 郑	云岩区疾病预防控制中心
邹书珍	修文县疾病预防控制中心
邹朝飞	黔南布依族苗族自治州疾病预防控制中心
周小江	黔西南布依族苗族自治州疾病预防

　　　　　控制中心
陈庆园　贵州省疾病预防控制中心
王　丽　贵州省疾病预防控制中心
张　莉　贵州省疾病预防控制中心
熊冻钫　贵州省疾病预防控制中心

"健康贵州"丛书编委会

主　编：胡远东　刘　涛

编　委（以姓氏笔画为序）：

　　　　冯　军　伍恩璇　刘　涛　刘　浪

　　　　李艳辉　杨林谕　张人华　赵否曦

　　　　胡远东　徐莉娜

前言

蘑菇,对人们来说,既熟悉,又陌生。它是大自然给人类的馈赠,是山珍海味中的山珍;同时它也是致命的"杀手",美丽的外表下,隐藏着巨大的危险。食用一朵普通大小的剧毒蘑菇,即可使一个成年人中毒身亡。近年来我国的食源性疾病报告显示,毒蘑菇中毒是食源性疾病中死亡人数最多的,在贵州亦是如此。贵州省拥有丰富的野生蘑菇资源,多地居民都有采食野生蘑菇的习惯,但由于某些有毒野生蘑菇的外形与可食用野生蘑菇非常相似,且辨别蘑菇是否有毒并无快速可靠的方法,导致毒蘑菇中毒事件高发。尤其是在偏远的农村,村民大多是文化水平较低的老人和儿童,他们接触到的宣传信息有限,鉴别毒蘑菇主要凭借老一辈口口相传的经验和一些民间方法,导致在蘑菇生长的夏秋季节,毒蘑菇中毒事件频频发生。2011—2022年,贵州省9个市州均有毒蘑菇中毒事件报告,全省共报告毒蘑菇中毒事件1694起,发病人数5900人,死亡人数95人。从这些数据可以看出，我省的毒蘑菇中毒形势十分严峻。

近10年来，贵州省疾病预防控制中心在汪思顺、周亚娟等专家的领头带动下，在毒蘑菇中毒防控方面做了大量工作，使贵州省的毒蘑菇中毒防控取得较大成效。在此期间，我们得到了中国疾病预防控制中心职业卫生与中毒控制所首席专家孙承业、湖南师范大学教授陈作红、中国科学院昆明植物研究所研究员杨祝良等专家的大力支持和专业帮助，包括对贵州省毒蘑菇中毒事件中的蘑菇样本进行鉴定、对宣传和报告等给予专业意见、提供蘑菇图片等。此外，贵州省各级医院和疾控部门相关工作人员在应对毒蘑菇中毒事件时团结协作，努力救治病人，主动出击找出"元凶"，为贵州省积累了较丰富的毒蘑菇中毒案例、标本和图片。在大家的共同努力下，现已初步掌握贵州省毒蘑菇的类型和分布情况。在此，对各级专家和同仁表示衷心的感谢！希望在未来，贵州省的毒蘑菇中毒防控工作能有更好的发展。

在毒蘑菇宣传教育方面，经过长期的、多形式的科普，老百姓对毒蘑菇的危害有了更深刻、更科学的认识。为了进一步做好毒蘑菇中毒防控宣传工作，为民众更好地了解贵州省毒蘑菇提供参考，我们对过去10余年的毒蘑菇中毒案例、标本、图片等进行了整理，总结了毒蘑菇中毒防控工作经验并编写了此书。本书共分为两部分。第一部分主要以问答形式介绍毒蘑菇的相关背景知识、贵州省毒蘑菇中毒的大体情况、毒蘑菇中毒发生的原因、对相关民间经验进行科学甄别,并对多年来卫生健康部门关于毒蘑菇中毒防控工作做一个总体的介绍;第二部分是本书的重点内容,主要介绍了贵州省常见毒蘑菇的类型,并对部分毒蘑菇附以形态学特征和往年的中毒案例介绍,方便读者更加深入地了解和体会毒蘑菇中毒的危险性。

在此需要特别说明的是,野生蘑菇在不同生长阶段、不同环境下呈现的外观是有一定差异的,本书所呈现的图片仅仅只是展示特定环境下采集某种蘑菇时其所呈现的形态。并且部分毒蘑菇与可食用蘑菇在外观上十分相似,有时仅仅依靠形态学特征并不能区分,需要专业人员借助专业设备才能鉴定。因此本书仅可作健康科普之用,万万不可当作蘑菇物种鉴定的参考书籍。如果读者参考本书以区分毒蘑菇和可食用蘑菇,导致误采误食毒蘑菇,本书编者对一切后果不承担任何责任。

本书所有问题的答案及介绍均有据可查,但编者水平有限,如有不当之处,敬请读者批评指正,提出宝贵意见。

编 者

2024 年 4 月

第一部分　毒蘑菇中毒防控基础知识 ………… 001

1. 你认识蘑菇吗？……………………………………… 003
2. 什么是毒蘑菇中毒？………………………………… 004
3. 毒蘑菇中毒在全世界的发生情况是怎样的？我国高发的地区有哪些呢？……………………………… 004
4. 我国古代有关于毒蘑菇中毒的记录吗？………… 005
5. 为什么贵州省是毒蘑菇中毒的高发地区？……… 006
6. 贵州省的毒蘑菇中毒总体情况是怎样的？……… 007
7. 贵州省毒蘑菇中毒高发地区有哪些？…………… 007
8. 为了做好毒蘑菇中毒防控工作，卫生健康部门开展了哪些工作？…………………………………… 008
9. 毒蘑菇中毒事件屡屡发生的原因是什么？……… 010

10. 民间方法是否可以辨别可食用野生蘑菇和毒蘑菇？ 011

11. 是否有快速简单的方法来鉴别可食用野生蘑菇和毒蘑菇？ 015

12. 有村民吃了几十年的野生蘑菇从未中毒，依靠经验辨别毒蘑菇是否可靠？ 016

13. 售卖的野生蘑菇是否可靠？ 017

14. 引起贵州省较严重的毒蘑菇中毒事件的毒蘑菇主要有哪些？ 020

15. 如何预防和控制毒蘑菇中毒？ 023

16. 如毒蘑菇中毒的症状仅为腹泻、呕吐，是否必须就医？ 024

17. 对于毒蘑菇中毒，有特效解毒剂吗？ 024

第二部分 贵州省常见毒蘑菇类型及中毒案例
.... 025

一、病情最危重的类型——急性肝损害型 028

1. 灰花纹鹅膏 *Amanita fuliginea* 029
2. 拟灰花纹鹅膏 *Amanita fuligineoides* 032
3. 假淡红鹅膏 *Amanita subpallidorosea* 035

4. 淡红鹅膏 *Amanita pallidorosea* ……… 037
5. 裂皮鹅膏 *Amanita rimosa* ……… 039
6. 致命鹅膏 *Amanita exitialis* ……… 041
7. 黄盖鹅膏 *Amanita subjunquillea* ……… 044
8. 条盖盔孢菌 *Galerina sulciceps* ……… 047
9. 纹缘盔孢伞 *Galerina marginata* ……… 050
10. 肉褐鳞环柄菇 *Lepiota brunneoincarnata* ……… 053
11. 毒环柄菇 *Lepiota venenata* ……… 054

二、病情较危重的类型——急性肾衰竭型 ……… 056

1. 欧氏鹅膏 *Amanita oberwinklerana* ……… 057
2. 假褐云斑鹅膏 *Amanita pseudoporphyria* ……… 059
3. 赤脚鹅膏 *Amanita gymnopus* ……… 060
4. 拟卵盖鹅膏 *Amanita neoovoidea* ……… 061

三、造成贵州省死亡人数最多的类型——横纹肌溶解型 ……… 062

1. 亚稀褶红菇 *Russula subnigricans* ……… 063
2. 油黄口蘑 *Tricholoma equestre* ……… 066

四、造成中毒事件最多的类型——胃肠炎型 ……… 067

1. 日本红菇 *Russula japonica* ……… 068

2. 毒红菇 *Russula emetica* ……… 070
3. 臭黄菇 *Russula foetens* ……… 071
4. 点柄黄红菇 *Russula punctipes* ……… 072
5. 大青褶伞 *Chlorophyllum molybdites* ……… 073
6. 变红青褶伞 *Chlorophyllum hortense* ……… 075
7. 点柄乳牛肝菌 *Suillus granulatus* ……… 076
8. 新苦粉孢牛肝菌 *Tylopilus neofelleus Hongo* ……… 078
9. 琥珀乳牛肝菌 *Suillus placidus* ……… 079
10. 日本类脐菇 *Omphalotus guepiniformis* ……… 080
11. 近江粉褶菌 *Entoloma omiense* ……… 082
12. 丛生垂暮菇 *Hypholoma fasciculare* ……… 084
13. 毛钉菇 *Gomphus floccosus* ……… 085
14. 皂味口蘑 *Tricholoma saponaceum* ……… 086
15. 大丛耳菌 *Wynnea gigantea* ……… 087
16. 橙黄硬皮马勃 *Scleroderma citrinum* ……… 088
17. 栎裸脚菇 *Gymnopus dryophilus* ……… 089
18. 毛柄网褶菌 *Tapinella atrotomentosa* ……… 090
19. 疣孢褐盘菌 *Peziza badia* ……… 091
20. 赭红拟口蘑 *Tricholomopsis rutilans* ……… 092
21. 格纹鹅膏 *Amanita fritillaria* ……… 093
22. 灰疣鹅膏 *Amanita griseoverrucosa* ……… 094
23. 姜黄鹅膏 *Amanita flavipes* ……… 095

24. 橙黄鹅膏 *Amanita citrina* 096

五、可能让人出现幻觉的类型——神经精神型 097

1. 古巴裸盖菇 *Psilocybe cubensis* 098
2. 卡拉拉裸盖菇 *Psilocybe keralensis* 100
3. 卵囊裸盖菇 *Psilocybe ovoideocystidiata* 101
4. 蝶形斑褶菇 *Panaeolus papilionaceus* 103
5. 双孢斑褶菇 *Panaeolus bisporus* 104
6. 毡毛小脆柄菇 *Lacrymaria lacrymabunda* 106
7. 小豹斑鹅膏 *Amanita parvipantherina* 107
8. 球基鹅膏 *Amanita subglobosa* 109
9. 红托鹅膏 *Amanita rubrovolvata* 110
10. 圆足鹅膏 *Amanita sphaerobulbosa* 111
11. 锥鳞鹅膏 *Amanita virgineoides* 112
12. 红褐鹅膏 *Amanita orsonii* 113
13. 土红鹅膏 *Amanita rufoferruginea* 114
14. 热带紫褐裸伞 *Gymnopilus dilepis* 115
15. 赭黄裸伞 *Gymnopilus penetrans* 117
16. 多色杯伞 *Clitocybe subditopoda* 118
17. 毒鹿花菌 *Gyromitra venenata* 119

六、让人见不得太阳的类型——光过敏性皮炎型 ……… **120**

  叶状耳盘菌 *Cordierites frondosus* ……………………… **121**

七、在贵州省暂无中毒报告的类型——溶血型 ………… **122**

第一部分
毒蘑菇中毒防控基础知识

第一部分 毒蘑菇中毒防控基础知识

1. 你认识蘑菇吗?

蘑菇(mooshroom),是指个体肉质至近肉质的一类大型真菌,在生活中很常见;可食用野生蘑菇,形态百样,具有较高的营养价值,被誉为"山珍"。

形形色色的野生蘑菇

2. 什么是毒蘑菇中毒？

毒蘑菇中毒是指食用了具有毒性的野生蘑菇引起的中毒性疾病。毒蘑菇又叫毒菌、毒蕈等。据文献记载，全世界有野生毒蘑菇1000多种，目前我国已报道的野生毒蘑菇超过500种，其中有剧毒可致死的有30多种。《贵州省毒蘑菇资源名录》（邓春英等发表于2018年《贵州科学》第36卷）记载，贵州省有140种毒蘑菇，16种剧毒蘑菇。

3. 毒蘑菇中毒在全世界的发生情况是怎样的？我国高发的地区有哪些呢？

事实上，误食毒蘑菇中毒事件每年在全球许多国家和地区均有报道。据国家食品安全风险评估中心统计，2010—2020年，我国上报毒蘑菇中毒事件10 036起，38 676人中毒，其中788人死亡。在我国，西南地区是毒蘑菇中毒最严重的地区。《中国大陆地区蘑菇中毒事件及危害分析》中提到，2004—2014年贵州省毒蘑菇中毒事件报告数和病例数位列全国第二位。

4. 我国古代有关于毒蘑菇中毒的记录吗？

我国历史上有许多关于毒蘑菇的记载。较早的有公元1245年陈仁玉的《菌谱》，其中记载："杜蕈者，生土中，俗言毒。蜇气所成，食之杀人，甚美，有恶，宜在所黜。"意思是：生在地上的，被叫作土菌，民间流传说是毒虫之气所化而成，吃了以后可能导致死亡，外观虽漂亮，但是却有毒，最好避免食用。

公元1683年吴林著《吴蕈谱》记载："出于树者为蕈，生于地者为菌，并是郁蒸湿气变化所生。故或有毒者，人食遇此毒多致死，甚疾速。其不死者犹能令烦闷、吐利，良久始醒。"意思是：长在树上的叫蕈，长在土地上的叫菌，两者都是因潮湿的空气变化而成。有些是有毒的，人如果食用毒菌大多可导致死亡，毒发非常迅速。有些虽不致死，也能使人心烦意乱、呕吐，过很久以后才能恢复。

可见，在古时候，我们的祖先已经对毒蘑菇有了一定的认识，认识到它可致人死亡的毒性。

5. 为什么贵州省是毒蘑菇中毒的高发地区？

贵州省森林覆盖面积较大，植被丰富，受东南季风影响，终年温凉湿润，雨量充沛，为野生蘑菇的生长提供了适宜的条件。由于野生蘑菇味道鲜美，因此在野生蘑菇生长当季，贵州省多地居民都有采食野生蘑菇的习惯。

某些有毒野生蘑菇的外形与可食用野生蘑菇的非常相似，且辨别毒蘑菇并无快速可靠的方法，导致毒蘑菇中毒事件频发。毒蘑菇中毒事件在农村地区更容易发生，其原因如下：首先，因为菌类都生长在山林中，农村居民更方便采食野生蘑菇；其次，由于村中年轻人多外出务工，村里主要为文化水平较低的老人和儿童，他们接触到的宣传信息非常有限，并且多数村民都认为自己对鉴别可食用蘑菇和毒蘑菇有着丰富经验，因此相关宣传并不能达到预期效果。

6. 贵州省的毒蘑菇中毒总体情况是怎样的？

2011—2022 年，贵州省 9 个市州均有毒蘑菇中毒事件报告，全省共报告毒蘑菇中毒事件 1694 起，约占同时期食源性疾病暴发事件总报告起数的 51.43%（1694/3294）；发病人数 5900 人，占同时期食源性疾病总发病人数的 38.50%（5900/15 324）；死亡人数 95 人，占同时期食源性疾病总死亡人数的 65.07%（95/146）。其中 2020 年报告的事件数、暴露人数和发病人数均为最高；2012 年死亡事件报告最多，报告毒蘑菇中毒事件 15 起，死亡人数 30 人。从这些数据可以看出，贵州省的毒蘑菇中毒防控工作，任重道远。

7. 贵州省毒蘑菇中毒高发地区有哪些？

遵义市和铜仁市相邻，分别位于贵州省北部和东北部，是贵州省毒蘑菇中毒最高发的两个地区，两地合计报告的毒蘑菇中毒事件起数和发病人数共占到全省总报告数的 50% 以上。遵义市处于云贵高原向湖南丘陵和四川盆地过渡的斜坡地带，境内有大娄山山脉；铜仁市处于云贵高原向湘西丘陵过渡的斜坡地带，境内有以梵净山为主峰的武陵山山脉。两地森林覆盖率高，又属亚热带湿润季风气候，非常适宜野生蘑菇的生长，当地的老百姓多年来都有食用野生蘑菇的习惯，常常因误采误食毒蘑菇而中毒。

8. 为了做好毒蘑菇中毒防控工作，卫生健康部门开展了哪些工作？

卫生健康部门高度重视毒蘑菇中毒防控工作，一直在行动。

一是启动监测工作。2011年，按照《国家食品安全风险监测计划》要求，贵州省正式启动食源性疾病监测工作，监测机构主要是各级哨点医院和基层疾控机构：哨点医院对食源性疾病病人进行监测和报告，疾控机构对发病人数在2人及以上的食源性疾病暴发事件开展流行病学调查和报告。根据多年的监测可知，在贵州省毒蘑菇中毒一直是主要的食源性疾病致病因子，不仅报告事件数多，发病人数和死亡人数占比也较高。

二是开展防控宣传工作。每年卫生健康部门、疾控部门等都会通过多种途径开展线上和线下宣传工作。在线上，每年都会通过"贵州疾控"微信公众号推送包括预防误采误食毒蘑菇在内的食源性疾病相关科普文章和视频；在线下，每年通过"食品安全宣传周"和"全民营养周"等宣传活动，让食品安全宣传进校园、进社区。另外，通过基层医疗卫生工作者对老百姓的宣讲和沟通，打造毒蘑菇防控的最后一道防线，如社区卫生院、村卫生室等会通过张贴海报、发放宣传单、对就诊老百姓进行口头宣传等，提

第一部分 毒蘑菇中毒防控基础知识

高民众对毒蘑菇的认识水平。

三是积极救治患者,不断积累医疗救治经验,降低重症率和死亡率。经过临床工作者多年的努力,目前我省一些大型医疗机构,如遵义医科大学附属医院等,逐渐摸索出一套针对毒蘑菇中毒重症的综合救治措施,最大限度地降低了毒蘑菇中毒的死亡率。

贵州疾控微信公众号

9. 毒蘑菇中毒事件屡屡发生的原因是什么？

很多毒蘑菇中毒患者有这样的疑问："为什么我以前年年吃都没事，今年吃了会中毒？是蘑菇变异了，还是蘑菇被毒蛇爬过？"

其实，不是蘑菇变异了，也不是蘑菇被毒蛇爬过，误采误食才是毒蘑菇中毒发生的最主要原因！

对于那些生长在同一生态环境、外观又非常相似的可食用蘑菇和毒蘑菇，人们常缺乏辨别能力。老百姓多靠老一辈的口传经验来鉴别可食用蘑菇和毒蘑菇，基本就是凭感觉，凭经验，凭民间鉴别方法，因此极易将传统的可食用的"三八菇""芝麻菌""石灰菌""火炭菌"等和鹅膏类、亚稀褶红菇等毒蘑菇混淆采食。另外，野生蘑菇味道鲜美、营养价值高，是人们追逐的山珍美味，野生蘑菇买卖市场也无比火爆，采集售卖野生蘑菇可以获得较大的经济利益，是一些山区村民重要的经济收入。因此，村民们在采集售卖的野生蘑菇时常常对其难以割舍，不加选择，见到野生蘑菇就采。

10. 民间方法是否可以辨别可食用野生蘑菇和毒蘑菇？

中毒患者常说他们使用过一些民间方法来鉴别蘑菇是否有毒，但是为什么还是会中毒呢？可能对某一种毒蘑菇，民间方法是能够应对的，例如，某些颜色鲜艳的蘑菇确实有毒，某些颜色朴实的蘑菇确实无毒，但是也有很多颜色鲜艳的蘑菇可食用，而颜色朴实的蘑菇实则有剧毒！因此，并不能将某种鉴别方法推导用于鉴别所有蘑菇。

鉴别蘑菇是否有毒，以下民间方法都不可靠！

（1）和银器、生姜、大蒜等一起煮，以银器、大蒜等是否变色来判断蘑菇是否有毒。蘑菇毒素不能与银器等发生化学反应，也就不会产生颜色变化。如鹅膏毒素就不会发生颜色反应。

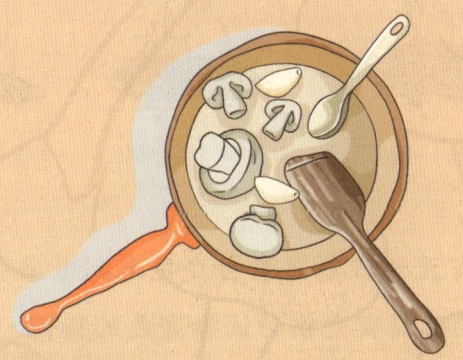

大蒜与剧毒的灰花纹鹅膏同煮不会发生变色

毒蘑菇的那些事

（2）以颜色是否鲜艳来判断蘑菇是否有毒。根据颜色不能简单区别蘑菇是否有毒。鸡油菌、褶孔牛肝菌和大红菌等颜色鲜艳，美味可食用；而亚稀褶红菇、致命鹅膏等剧毒蘑菇，其颜色则为灰色或白色。

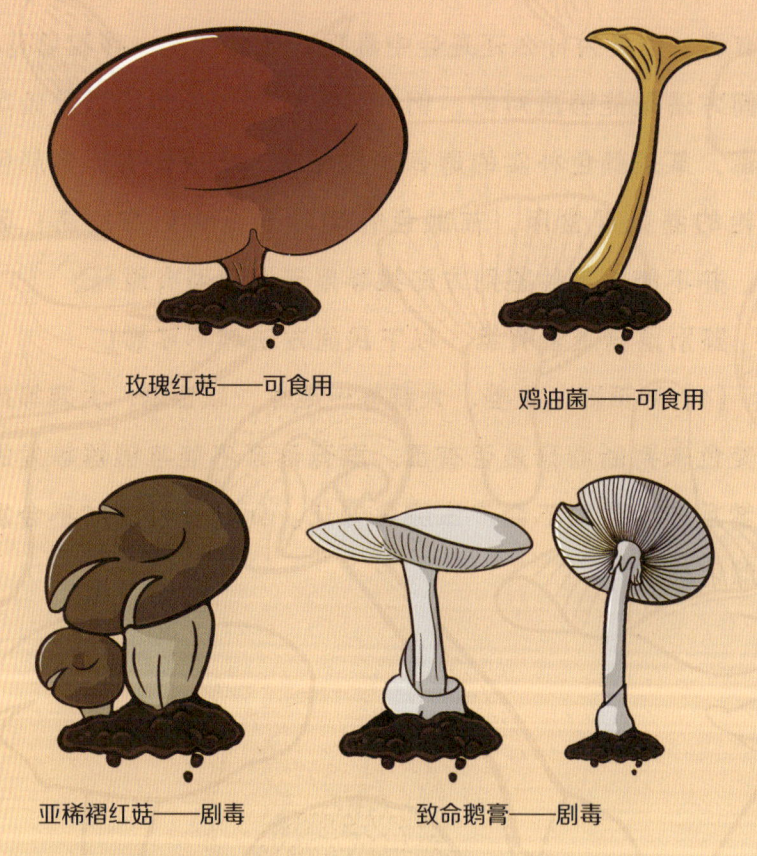

玫瑰红菇——可食用　　鸡油菌——可食用

亚稀褶红菇——剧毒　　致命鹅膏——剧毒

（3）以有无汁或断面是否变色来判断蘑菇是否有毒。有的毒蘑菇的确具有受伤分泌物变色的特征，但有一些多汁蘑菇受伤后，有乳汁分泌，同时颜色也会发生变化，它

第一部分 毒蘑菇中毒防控基础知识

们不仅无毒，而且还是美味食用菌，如多汁乳菇（俗称奶浆菌）。

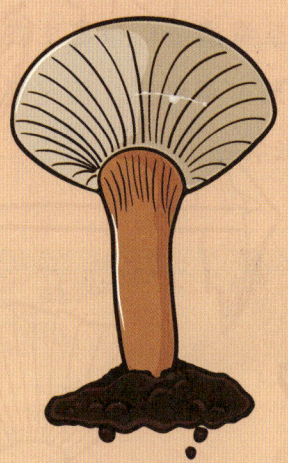

多汁乳菇——可食用，且美味

（4）以是否生蛆或生虫来判断蘑菇是否有毒。除了可食用的蘑菇外，许多剧毒的鹅膏成熟后同样会生蛆、生虫。

肉褐鳞环柄菇——剧毒

毒蘑菇的那些事

（5）以生长环境来判断蘑菇是否有毒，如长在潮湿处或家畜粪便上的蘑菇有毒，长在松树下等清洁地方的蘑菇无毒。大部分蘑菇生长在阴暗潮湿的环境中，有的有毒，有的可食用。有一些毒蘑菇的确喜生在粪便上，如盔孢伞和花褶伞属中的一些有毒种类，但是鹅膏、口蘑、红菇中一些剧毒种类也生长在松树下。

剧毒鹅膏长在松林间

11. 是否有快速简单的方法来鉴别可食用野生蘑菇和毒蘑菇？

答案是：没有！

由于毒蘑菇毒素复杂，关于其毒素的分析研究尚在进行中，一种毒蘑菇可能含有多种毒素，一种毒素又可能存在于多种毒蘑菇中。因此，目前毒蘑菇鉴别主要是根据形态学特征进行分类鉴定和分子生物学鉴定。形态学鉴定包括用肉眼或放大镜观察样品的宏观结构，以及用显微镜观察样品的微观结构；分子生物学鉴定需要对蘑菇样品进行DNA提取和PCR产物扩增，测序后将结果与提供的参考序列进行比对。这些都需要相应的专业人员来进行，无捷径可走。

12. 有村民吃了几十年的野生蘑菇从未中毒，依靠经验辨别毒蘑菇是否可靠？

有村民说他们采食了几十年野生蘑菇从未中毒。有可能是他们确实没有采食过有毒野生蘑菇，也有可能是他们虽然出现过腹泻和呕吐等胃肠道症状，但并没有将其与食用毒蘑菇联系起来。采食了几十年野生蘑菇的村民，仍然有可能因一次误食剧毒蘑菇而丧命！因此，依靠经验辨认蘑菇是否有毒并不可靠。

蘑菇辨识非常困难，特别是同科目不同种的野生蘑菇，在形态上虽总有许多相似之处，性质却完全不同。甚至同一个蘑菇在它从幼小到成熟的过程中，其形态、颜色、大小都有不同变化，这也是蘑菇难以辨识的原因之一。

曾有报道称采食野生蘑菇几十年的村民因误采误食纹缘盔孢伞中毒，此次事件导致8人中毒，5人死亡。

第一部分　毒蘑菇中毒防控基础知识

13. 售卖的野生蘑菇是否可靠?

在野生蘑菇生长旺盛的夏秋两季,我们总是能在市场碰到售卖野生蘑菇的摊贩。同样,他们也是凭着经验在采集售卖,凭经验辨别蘑菇是否有毒。因此,他们售卖的野生蘑菇并不可靠!

2019年,黔南布依族苗族自治州(简称黔南州)惠水县的母子两人在路边市场的摊贩处购买了400克左右的"芝麻菌",邀请好友一起进食,3人食用后全部中毒,其中进食较多的母亲最后抢救无效死亡。后经专家鉴定,该菌为剧毒的灰花纹鹅膏近似种(急性肝损害型)。之后,调查人员多次前往该路边市场开展科普宣传,村民们从开始的拒绝接受调查员的科普,到逐渐相信不能凭经验采菌;摊贩们也从开始的售卖各种杂菌,到后来的只售卖单一的松乳菇。自此,该市场再未报告过毒蘑菇中毒事件。

灰花纹鹅膏近似种

公路边的野生蘑菇售卖市场

毒蘑菇的那些事

2022年，贵州省疾控中心调查人员分别去往黔西南布依族苗族自治州（简称黔西南州）兴义市和遵义市播州区开展野生蘑菇市场调研工作，在村民自发形成的两个野生蘑菇售卖市场中均发现有毒蘑菇售卖。在兴义市的某野生蘑菇市场发现该市场售卖毒蘑菇，存在安全隐患，调查人员立即联系当地镇政府。镇政府非常重视并立刻派出工作人员到达现场，对售卖有毒野生蘑菇的村民进行劝说，劝收了全部有毒野生蘑菇共约10千克。之后，黔西南州疾控中心在该辖区多个村镇开展了毒蘑菇中毒宣传。在遵义市播州区某村的野生蘑菇市场也发现有毒蘑菇售卖。

村民售卖的野生蘑菇，右1和右2为假褐云斑鹅膏（急性肾衰竭型）

村民售卖的拟卵盖鹅膏（急性肾衰竭型）

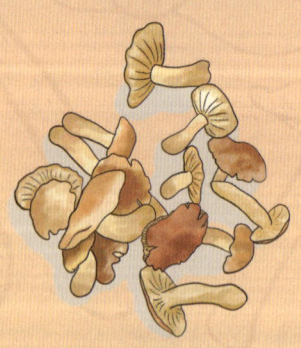

村民售卖的油黄口蘑（横纹肌溶解型）

第一部分　毒蘑菇中毒防控基础知识

劝收村民售卖的有毒野生蘑菇

调查人员在现场对村民进行毒蘑菇相关知识的科普宣传

黔西南州疾控工作人员张贴毒蘑菇中毒防控海报

黔西南州疾控工作人员向村民发放毒蘑菇中毒防控宣传册

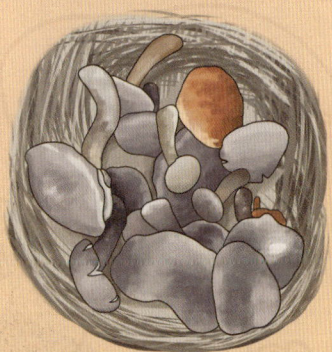

播州区某村村民售卖的新苦粉孢牛肝菌（胃肠炎型）

14. 引起贵州省较严重的毒蘑菇中毒事件的毒蘑菇主要有哪些？

贵州省报告较严重的毒蘑菇中毒事件多为鹅膏属物种和亚稀褶红菇引起。下面我们来一一介绍。

（1）鹅膏属物种

鹅膏属是大型真菌的一类，其中剧毒鹅膏的主要特征是菌柄上有菌环，菌柄基部有菌托。在中国误食毒菌中毒死亡的事件中，至少70%由剧毒鹅膏所致。2011—2021年，剧毒鹅膏在贵州省至少引起了11起中毒事件，造成35人中毒，10人死亡！

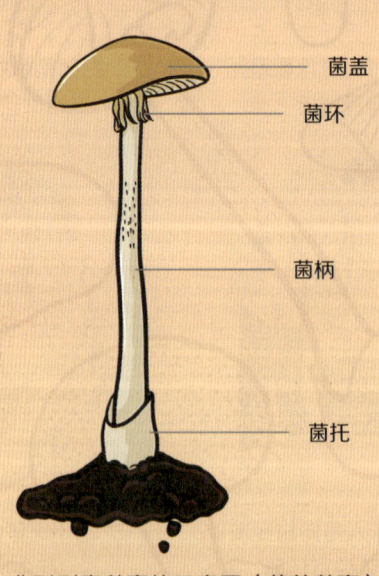

典型剧毒鹅膏的示意图（黄盖鹅膏）

第一部分 毒蘑菇中毒防控基础知识

　　有毒鹅膏菌基本都具有菌环和菌托这两个特征结构，但是有些毒性不明或可食用鹅膏菌也具有这两个特征。一些著名的味道鲜美的可食用鹅膏菌，如橙盖鹅膏、隐花青鹅膏同样既有菌环又有菌托，而某些剧毒鹅膏又与可食用鹅膏菌外观长得非常相似，例如剧毒的灰花纹鹅膏和可食用的隐花青鹅膏、剧毒的黄盖鹅膏和可食用的黄蜡鹅膏（见下图）。因此，对于普通人来说，很难从外观上来区分哪些是可食用鹅膏，哪些是有毒鹅膏。

　　除了上述长有"菌盖、菌环、菌托"的鹅膏类蘑菇可能有毒，无"菌环、菌托"的蘑菇也可能有毒，比如接下来我们要介绍的贵州省另一大"蘑菇杀手"——亚稀褶红菇。

隐花青鹅膏（可食用）

灰花纹鹅膏（剧毒）

黄蜡鹅膏（可食用）

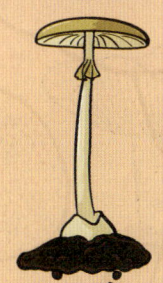
黄盖鹅膏（剧毒）

毒蘑菇的那些事

（2）亚稀褶红菇

剧毒的亚稀褶红菇有两个长相极为相似的好兄弟：稀褶红菇和密褶红菇。老百姓们把这类长相相似的蘑菇都称作"火炭菌"，其中稀褶红菇和密褶红菇是普通人常食用的野生蘑菇，但是如果误食了长相相似的亚稀褶红菇，2小时内就会让进食者上吐下泻、肌肉疼痛、胸闷、呼吸急促困难，以及出现血尿、酱油色尿等症状，严重的甚至导致死亡！在贵州省亚稀褶红菇至少引起了7起中毒事件，造成43人中毒，14人死亡！

描述菌褶稀疏程度的"稀、亚稀、密"只是针对这三种野生蘑菇而言，在野外，没有可以确定的标准来作为参照；在不同生长时期，同一种蘑菇的菌褶的稀疏程度也会有所不同！因此，切不能根据形状来判断是哪一种野生蘑菇！

小编在此提醒各位读者，绝对不要采食"头上戴帽（有菌盖），腰间系裙（有菌环），脚上穿鞋（有菌托）"的野生蘑菇，以及百姓称为"火炭菌"的野生蘑菇！牢记不吃这两类野生蘑菇，毒蘑菇中毒死亡率就会大大降低。

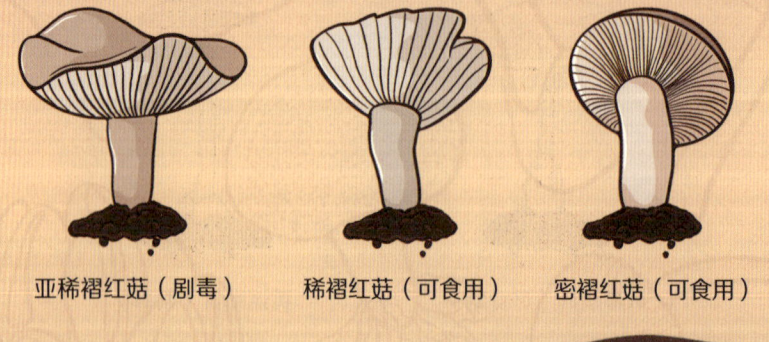

亚稀褶红菇（剧毒）　　稀褶红菇（可食用）　　密褶红菇（可食用）

15. 如何预防和控制毒蘑菇中毒？

毒蘑菇中毒发生的主要原因是误采误食。因此预防控制的关键是不采集、不买卖、不进食野生蘑菇。

食用野生蘑菇后，在数分钟到3天（72小时）内，如果感到头昏、恶心、呕吐、腹疼或有其他不适，要高度怀疑是毒蘑菇中毒，应立即采取以下措施：

（1）立即拨打当地急救电话，及时前往医院治疗，并告诉接诊医生自己进食野生蘑菇的时间、地点和同餐者，以及所食蘑菇的形状、颜色等。

（2）在等待救治时，立即用简易的方法帮助中毒者催吐、导泻，迅速排除毒素。如大量饮温开水或稀盐水，然后用手指、汤勺、筷子等硬质东西刺激咽部促使呕吐。催吐后，最好让患者饮少量盐水，以补充丢失体液，防止脱水休克。

（3）保留野生蘑菇样品供专业人员救治时参考。

16. 如毒蘑菇中毒的症状仅为腹泻、呕吐,是否必须就医?

胃肠炎型的毒蘑菇中毒主要症状为腹泻、呕吐,但是一些鹅膏属剧毒蘑菇等所含的毒素最初也能引起胃肠炎型症状,后期才出现致命的重度中毒症状。因此,我们建议只要怀疑毒蘑菇中毒,都应该积极就医,不要误认为"胃肠炎型毒蘑菇中毒不会致命"而错失抢救的机会!

17. 对于毒蘑菇中毒,有特效解毒剂吗?

毒蘑菇中毒目前尚无特效解毒剂和治疗方法。因此,毒蘑菇中毒最好的防控措施就是不要随意采食野生蘑菇!请珍爱生命,远离野生蘑菇!

第二部分
贵州省常见毒蘑菇类型及中毒案例

第二部分　贵州省常见毒蘑菇类型及中毒案例

在调查处置毒蘑菇中毒事件时，由于中毒者采摘或购买的野生蘑菇已食用完、中毒者病情较重等原因无法带调查人员上山重新采摘、上山后已无中毒者所食用的野生蘑菇、售卖野生蘑菇的摊贩已无处可寻等，大多时候调查员无法获取蘑菇样本，因此不能明确导致病人中毒的毒蘑菇种类。本部分将对全省毒蘑菇中毒调查处置过程中或野生蘑菇调研工作中，已找到样本、明确种类的毒蘑菇进行介绍，对于部分毒蘑菇，将附以真实中毒案例，方便读者了解和熟悉。

本书介绍的毒蘑菇的形态特征、生境、国内分布主要参考《毒蘑菇识别与中毒防治》《中国西南地区常见食用菌和毒菌》《中国大型菌物资源图鉴》三本论著以及一些相关论文。由于毒蘑菇新种类不断在被人们发现，因此会出现国内分布无贵州省的情况，特此说明。

本书参考《毒蘑菇识别与中毒防治》，根据作用靶标器官，将毒蘑菇分为以下七种类型：急性肝损害型、急性肾衰竭性、横纹肌溶解型、胃肠炎型、神经精神型、光过敏性皮炎型、溶血型。

以下介绍的部分毒蘑菇配有与之长相相似、易混淆的可食用蘑菇图片。但请注意，配图仅能展示该类蘑菇特定时期的某方面形态，个人切不能根据这些图片来判断蘑菇类型！蘑菇鉴定需要专业人员进行形态学分类鉴定和分子生物学鉴定！

毒蘑菇的那些事

一、病情最危重的类型——急性肝损害型

在七种类型的毒蘑菇中，急性肝损害型引起的中毒最为严重。患者进食该类型毒蘑菇后一般在6~30小时内出现恶心、呕吐、腹痛、腹泻等胃肠道症状，经过对症治疗后症状消失，患者自觉康复。1~2天后患者再次出现恶心、呕吐、腹部不适、食欲不振、肝区疼痛、肝脏肿大、黄疸等症状，肝功能检查显示谷丙转氨酶急剧升高，提示出现肝损害。在医学上将"患者自觉康复"的这段时期称为"假愈期"。"假愈期"常常会让患者及其家属或医生忽视病情的严重性而错过最佳救治时机，造成严重后果。因此，特别提醒读者注意！

引起急性肝损害型中毒的毒蘑菇主要是含有鹅膏毒肽类毒素的一些种类。在我国，最主要的种类包括鹅膏菌属 *Amanita*、盔孢伞属 *Galerina* 及环柄菇属 *Lepiota* 的一些种类。在贵州，这三种毒蘑菇都曾引起过中毒事件。

急性肝损害型毒蘑菇导致的中毒潜伏期很长，一般达6小时以上，有的可达1~2天，甚至更长时间。该毒素对肾脏、血管内皮细胞、中枢神经系统及其他内脏组织都会造成不可逆损害，中毒者最终多因肌体各项功能衰竭而死亡，

第二部分　贵州省常见毒蘑菇类型及中毒案例

死亡率高达90%。

分布于贵州省的此类型毒蘑菇主要有灰花纹鹅膏、拟灰花纹鹅膏、假淡红鹅膏、淡红鹅膏、裂皮鹅膏、致命鹅膏、黄盖鹅膏、黄盖鹅膏白色变种、条盖盔孢菌、纹缘盔孢伞、肉褐鳞环柄菇、褐鳞环柄菇、毒环柄菇等。

1. 灰花纹鹅膏 Amanita fuliginea

形态特征：菌盖中等大小，直径5~9厘米，深灰色、暗褐色至近黑色，具深色纤丝状隐花纹或斑纹，边缘平滑无沟纹。菌褶离生，白色，较密；短菌褶近菌柄端渐变狭。菌柄长5~15厘米，白色至浅灰色，常被浅褐色鳞片，基部近球形。菌环顶生至近顶生，灰色，膜质。菌托浅杯状，白色。

生境：夏、秋季生于亚热带阔叶林或针阔混交林中地上。

国内分布：华东、华中、华南和西南地区。

贵州省分布：毕节市。（分布情况仅代表此区域有发现过此类蘑菇或有此类蘑菇中毒报告，不代表其他区域无分布，下同。）

毒蘑菇的那些事

【中毒案例】

2020年7月18日下午3点,毕节市七星关区某村的杨某听说村里的"大坟山"上在这个月份有很多野生蘑菇成熟,便自行上山采摘。不同样式的蘑菇很多,他专门采摘自己认为是"奶浆菌""伞把菇""荞巴菌"的3种蘑菇。不一会儿,便采摘了30余朵野生蘑菇,杨某心里可高兴了。在回家的路上,杨某正好遇到邻居张某,便高兴地邀请张某晚上到他家吃蘑菇。张某以害怕中毒为由拒绝了,并且劝诫杨某也别吃。杨某却不以为意,心想:"我采了那么多年蘑菇,经验丰富,怎么可能会中毒呢?"

晚饭时,杨某将采摘到的部分野生蘑菇清洗后用猪油翻炒,加水后放入切成坨状的土豆继续熬煮,香喷喷的土豆菌汤就做好了。杨某自己先吃了,随后到山上干农活,留下一半给妻子和女儿,待她们母女回家一起食用。妻子和女儿没有吃完,还剩一小部分。晚上6点左右,杨某的二哥回来将剩余的几块土豆吃完。晚上9点,杨某及女儿接连发生呕吐、腹泻等症状,症状持续一晚,未予处置。19日早上6点左右,杨某的妻子也出现呕吐、腹泻症状。8点,杨某夫妇携女儿到镇上医院就诊,考虑到进食已久,错过了最佳洗胃时期,镇医院遂用救护车将3人送到市级医院就诊。杨某经21天积极抢救后宣告死亡,其女儿由于病情加重转入该院重症监护病房救治,25日抢救无效死亡,

第二部分　贵州省常见毒蘑菇类型及中毒案例

妻子也因病情加重于 23 日从急诊内科转入重症监护病房抢救，最终也抢救无效死亡。3 人死亡原因均为毒蕈中毒导致的多器官功能衰竭。杨某的二哥因只食用少量土豆，经积极救治已出院回家休养。此事件令人感到非常惋惜，如果杨某当时听从邻居的劝阻，没有凭借着自己的经验食用自采蘑菇，就不会造成一家人的悲剧了。

调查人员找到了中毒人员的邻居张某，在他的带领下，在"大坟山"上采集了中毒人员以为的"伞把菇""荞巴菌"和"奶浆菌"，并拍摄了清晰的菌盖、菌褶、菌杆、菌托的照片，交给专家进行物种鉴定和毒素检测。依据形态学和分子生物学鉴定，中毒人员采摘的"伞把菇"为剧毒的灰花纹鹅膏，它是我国南方地区主要的导致死亡的剧毒蘑菇种类。

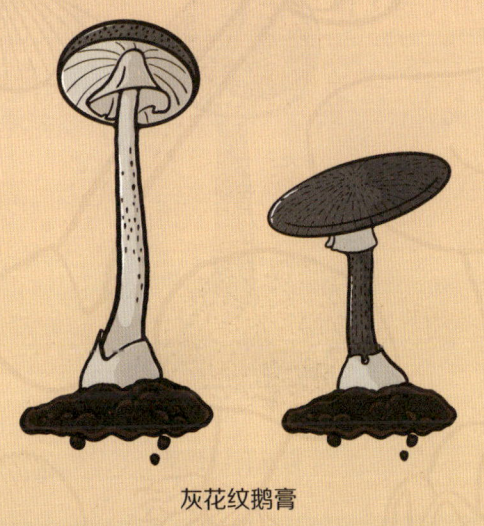

灰花纹鹅膏

2. 拟灰花纹鹅膏 Amanita fuligineoides

形态特征：菌盖中等至大型，直径 7~14 厘米，灰褐色、暗灰褐色至近黑色，中部色较深，具深色纤丝状隐生花纹或斑纹，边缘无沟纹。菌褶白色，短菌褶近菌柄端渐变窄。菌柄白色至淡灰色，常被灰褐色细小鳞片，基部萝卜状至近棒状。菌环顶生至近顶生，膜质，白色至淡灰色。菌托浅杯状，白色。

生境：夏季生于亚热带阔叶林中地上。

国内分布：华中和西南地区。

贵州省分布：遵义市。

拟灰花纹鹅膏

第二部分　贵州省常见毒蘑菇类型及中毒案例

【中毒案例】

2014年9月19日上午，遵义市务川仡佬族苗族自治县某村村民田伯从地里干活回家的路上，看到自家门前的小土坡上长了好多蘑菇，其中一种呈灰白色，菌盖上有麻点，底部比较大，菌杆上有个环。他心想："咦，这些好像是芝麻菌呢，以前没有吃过，不知味道怎么样。"于是，他决定采些"芝麻菌"回去尝尝味道。一朵，两朵……不一会儿，他就采了大概1千克。回到家里，他把菌子洗干净，放了好多大蒜，还放了点肉片煮成蘑菇汤，叫上邻居老李和老李的女儿小花与他们一家五口共同享用。蘑菇汤很鲜美，大家都吃得津津有味。最后剩余的小半碗汤，田伯舍不得倒掉，晚饭时他用来泡饭吃了。

当晚8点左右，田伯的儿子小田最先感到不舒服，出现恶心、呕吐、腹痛、腹泻等症状，到第二天下午2点，吃菌子的7人接连出现恶心、呕吐、腹痛、腹泻症状，两个症状较重的人还出现腿抽筋。7人分别到附近的村卫生室进行输液治疗。经报告，7人被当地政府转往某医学院附属医院进行治疗。当地县疾控中心调查人员在田伯采蘑菇的地点找到可疑"芝麻菌"，将其照片发送给中国疾控中心专家协助辨识。专家赴实地调查，确定该蘑菇为剧毒鹅膏类毒菌——拟灰花纹鹅膏。这种毒菌毒性强，主要引起肝脏损害，救治不及时会引起中毒者多脏器衰竭而死亡。幸运

毒蘑菇的那些事

的是，尽管7名中毒者的病情很重，有严重的肝脏、肾脏、心功能损害，但由于被及时送往有救治能力的大医院治疗，7人陆续在住院7~28天后全部康复出院。7人花费的医疗费用高达数十万元。

【注】灰花纹鹅膏、拟灰花纹鹅膏与一些被老百姓称作"茅草菌""芝麻菌""伞把菇"的蘑菇外观非常相似（如下两图，为可食用的鸡枞菌），很多村民误将这些蘑菇混采食用，引起了严重的毒蘑菇中毒事件。

鸡枞菌（可食用）

3. 假淡红鹅膏 Amanita subpallidorosea

形态特征：菌盖小型至中等，直径3~8厘米，白色，中央粉红色至肉红色，边缘无沟纹。菌褶白色，短菌褶近菌柄端渐变窄。菌柄白色至污白色，被白色鳞片，基部近球状。菌环近顶生，白色。菌托浅杯状，白色。

生境：夏、秋季生长于亚热带阔叶林或针阔混交林中地上。

国内分布：华东、华中和西南地区。

贵州省分布：遵义市、黔南州、毕节市。

假淡红鹅膏

【中毒案例】

2018年10月27日，福泉市仙桥乡某村的黄某在自家房屋后面山坡上发现一些白色的野生蘑菇，想着晚饭可以给家人做鲜美的菌菇汤，便立即采摘起这些野生蘑菇。傍晚，黄某与家人共8人一同就着自采的野生蘑菇、猪肉、蔬菜共进晚餐，一家人其乐融融，吃得很满足。当晚，黄某一家八口陆续发病，出现头昏、头痛、恶心、呕吐、腹痛、腹泻等症状。他们自行前往当地卫生院诊治，经治疗感觉好转后回家，到晚上9点左右，症状又反复出现且明显加重，晚上11点经120急救中心接送至市医院就诊。经检查，8名患者均存在不同程度的肝功能损害表现，有2名患者因症状严重转至上级医院治疗。

10月30日，有2名患者因病情严重，救治无效死亡。11月1日，6名患者转至贵州省人民医院进一步救治。经省、州、市三地各级医院积极救治，此次野生蘑菇中毒事件的其中4名中毒患者痊愈，另外4名患者因病情危重救治无效死亡。

由于致病野生蘑菇被黄某一家全部食用完，调查人员在就餐现场未采集到他们所食用的白色野生蘑菇样本。10月31日，调查组到事发地中毒患者采集蘑菇的地点采样，中毒患者对调查人员所采集的蘑菇进行辨认后，指认其中一种白色蘑菇为他们所食用，进食量约500克。经专家鉴定，黄某一家所进食的白色蘑菇为剧毒的假淡红鹅膏，属于急性肝损害型毒蘑菇。

4. 淡红鹅膏 Amanita pallidorosea

形态特征：菌盖中等大小，白色，有时中央淡粉红色，边缘无沟纹，但有时有辐射状裂纹。菌褶白色；短菌褶近菌柄端渐变窄。菌柄白色、污白色至淡黄褐色，基部近球状。菌环近顶生至上位，膜质，白色。菌托浅杯状，白色。

生境：夏、秋季生于各种针阔混交林中地上，有时生于阔叶林中地上。

国内分布：东北、华北、华中、西南和西北地区。

贵州省分布：遵义市、铜仁市、黔南州、毕节市。

淡红鹅膏

毒蘑菇的那些事

【中毒案例】

2014年6月14日中午，贵州省沿河土家族自治县某村的冯爷爷在自己屋子后面的山坡上发现了很多松菌。"老伴最喜欢吃蘑菇了"，他一边想着一边摘松菌，不一会儿就摘了250克左右。这时他看到松菌周围还有一种白色的蘑菇，"也不知道白色的这种味道怎么样"，于是他也摘了几朵白色的蘑菇。回家以后，他把蘑菇洗干净，放了好多大蒜一起煮，晚上6点，两位老人就着米饭和香喷喷的水煮蘑菇开始吃晚餐。6月15日凌晨4点左右，两人先后出现腹痛，且腹泻不止，当天下午被家人送到医院救治。因病情极危重，两位老人于6月19日、6月22日相继救治无效死亡。

调查人员在中毒者所述的野生蘑菇采摘地点采集到白色可疑蘑菇30余朵，经专家进行物种鉴定和毒素检测，可疑蘑菇被确定为淡红鹅膏菌。利用高效液相色谱系统检测分析，该蘑菇的干燥子实体中α-鹅膏毒肽（α-amanitin）含量达到4.13毫克/克。

淡红鹅膏菌严重损害人体内脏，尤其是肝脏，是2010年在我国发现的一个新种，剧毒，是致死率极高的毒蘑菇。一般食用后6~24小时出现不适，如头昏、乏力、腹痛、腹泻、呕吐等症状。出现胃肠炎症状后患者有一段时期病情较稳定，称为"假愈期"，在1~2天的假愈期后病情急剧恶化，出现昏迷、黄疸、无尿等症状，严重者会因多脏器功能衰竭而死亡。

5. 裂皮鹅膏 *Amanita rimosa*

形态特征：菌盖小型，直径3~5厘米，白色，有时中部米色至淡黄褐色，边缘无沟纹，但有时有辐射状裂纹。菌褶白色；短菌褶近菌柄端渐变窄。菌柄白色至污白色，有时被白色细小鳞片，基部近球形。菌环近顶生，膜质，白色。菌托浅杯状，白色。

生境：夏、秋季生于南亚热带及中亚热带的阔叶林中地上。

国内分布：华东、华中、西南和华南地区。

贵州省分布：遵义市、黔南州。

裂皮鹅膏

毒蘑菇的那些事

【中毒案例】

2019年7月8日下午，黔南州惠水县某村一建筑工地上的农民工正值休假，想着邀上三五好友聚聚，便出门买菜。路过附近的山坡，看到长势甚好的白色蘑菇，心想正好可以用来做鲜美的蘑菇汤，二话不说，便采摘了约50克的这种白色蘑菇回家。傍晚，将白色蘑菇与大蒜一起煮，发现大蒜并没有变黑，他便按照以往经验判断白色蘑菇是无毒的。他用采来的蘑菇做了蘑菇汤，又炒了四季豆、茄子等菜，邀请好友一起食用，就餐人员共6人。7月9日凌晨，一起就餐的6人中，未食用蘑菇的2人未发病，食用过蘑菇的4人均在就餐后12小时出现恶心、腹胀、腹泻等症状，其中食用量较多者病情较重，腹泻10余次。同住的工友将4名患者送到县医院住院治疗，经肝、肾功能及心肌酶检测，结果显示患者肝、肾、心均有轻度损害。

接县医院报告，县疾控中心立即派调查人员前往现场调查处置，但采摘的白色蘑菇已全部食用完。7月10日，调查人员在患者的带领下，到当日所采蘑菇的地点找到了患者当时采摘的蘑菇。该蘑菇经专家鉴定确认为裂皮鹅膏。经过及时的救治，4名患者均痊愈出院，其中1名于7月10日由县医院转至省级医院重症监护病房进行透析治疗，约8天后基本痊愈出院。

6. 致命鹅膏 *Amanita exitialis*

形态特征：菌盖中等大小，直径 4~12 厘米，白色，边缘平滑无沟纹。菌褶离生，白色，稠密；短菌褶近菌柄端渐窄。菌柄白色，光滑或被白色纤毛状鳞片，内部实心至松软，基部近球形。菌环顶生至近顶生，白色，膜质。菌托浅杯状，白色。

致命鹅膏干燥子实体中的鹅膏肽类毒素高达 8 毫克/克以上，其中最主要致死毒素鹅膏毒肽（α-amanitin 和 β-amanitin）达 5 毫克/克以上。鹅膏毒肽对人的致死剂量为每千克体重摄入 0.1 毫克，一个中等大小的致命鹅膏子实体足以毒死一个成年人。

生境：生于亚热带阔叶林中地上。

国内分布：华南和西南地区。

贵州省分布：黔西南州。

致命鹅膏

【中毒案例】

5月正是野生蘑菇生长茂盛的时期。2022年5月25日中午，兴义市某村村民梁某与儿子决定上山采摘野生蘑菇。一路上，只要看到蘑菇，不管从前吃没吃过、认不认识，他们都会采。采摘了约500克的野生蘑菇后，梁某父子下山回到家中，先将蘑菇洗净用水煮，后加入青椒、番茄翻炒直至炒熟，还做了小炒肉片、素瓜豇豆、腊肉，一家人愉快地共进晚餐。由于妻子不喜欢吃野生蘑菇，并未进食小炒蘑菇。

26日凌晨，梁某和儿子陆续出现恶心、呕吐、腹痛、腹泻等症状，梁某的症状更为严重。天亮后两人到当地的村卫生室就诊，村医让他们立即转到市医院进行治疗，于是，两人自行开车约中午到达某市级医院。该院使用舒肝宁、法莫替丁、水飞蓟宾等药物进行保肝、护胃、补液等治疗，但两人无明显好转，于27日被送往兴义市人民医院全科医疗科重症监护病房救治。

事件被报告后，兴义市疾控中心调查人员立即安排人员赶赴兴义市人民医院现场调查核实，经过流行病学调查、临床症状判断及相关领域专家对现场采集样品的鉴定，确认该事件为一起食用致命鹅膏中毒事件。经兴义市人民医院全科医疗科全力救治，历时一个多月，7月7日梁某和儿子痊愈出院。该起事件2位患者共花费医药费用

第二部分 贵州省常见毒蘑菇类型及中毒案例

约 30 万元，对于普通老百姓来说，这是一笔多么大的数目啊！

【注】剧毒的假淡红鹅膏、淡红鹅膏、裂皮鹅膏、致命鹅膏与可食用的假高大鹅膏、中华鹅膏等鹅膏外观相似，若误采误食，会引起严重的毒蘑菇中毒事件。

假高大鹅膏（可食用）

中华鹅膏（可食用）

7. 黄盖鹅膏 Amanita subjunquillea

形态特征：菌盖中等大小，直径3~10厘米，黄褐色、橙黄色至芥黄色，边缘无沟纹。菌褶白色，短菌褶近菌柄端渐窄。菌柄白色至淡黄色，常被纤毛状或反卷的淡黄色鳞片，基部近球形。菌环近顶生至上位，白色。菌托浅杯状，白色至污白色。

生境：夏、秋季生于各种阔叶林、针阔混交林或针叶林中地上。

国内分布：大部分地区。

贵州省分布：遵义市、毕节市、铜仁市。

黄盖鹅膏

第二部分　贵州省常见毒蘑菇类型及中毒案例

【中毒案例】

2022年6月24日，遵义市赤水市的刘某、陈某、谢某好友三人想着好久不见，一起聚聚，因正值野生蘑菇生长成熟的季节，便相约采菌尝鲜。一直到中午，他们采摘到约500克的"奶浆菌""油辣菇""青杠菌""鹅蛋菌"等。当日晚饭，他们在陈某家将采摘到的野生蘑菇进行加工，做了红油野生蘑菇炖汤、酸汤鱼、凉拌黄瓜、萝卜丝炒腊肉、炒西兰花等一桌子菜，三人及各自的家人开开心心地坐在一起共同享用。大家都很高兴，席间每个男生还喝了约三两白酒。25日早上7点半至9点半，先后有4名聚餐人员出现腹泻、腹痛、呕吐症状，但腹泻、腹痛、呕吐次数较少，未引起几人的重视。26日，4人腹泻、腹痛、呕吐症状加重，当日腹泻达10余次，晚上7点左右4人被家人送到市人民医院就医，同餐者中进食过野生蘑菇的另外2人也来到市人民医院做相关检查。另有2人未进食野生蘑菇，并未出现腹泻、腹痛等症状。

市人民医院接诊后立即将此事件报告给市疾控中心，并对病人给予对症治疗，积极完善血气分析、三大常规、血离子、肝功能、肾功能、心肌酶等检查，以补液促进代谢，维持患者水电解质平衡。其中1位患者肝功能衰竭，病情较为严重，立即被转至上级医院救治。疾控调查人员接医院报告后开展调查，发现所有食物已无剩余，在食用此餐之前两

毒蘑菇的那些事

日，所有进食者未出现任何不适症状，都是在家用餐，共同进餐者均未出现任何不适症状，近期6位患者也没有参加过宴会，没有出去旅游，一直饮用市售的桶装水，排除由其他食品引起的急性胃肠炎，且6人在25日出现腹泻、腹痛、呕吐等不适后均未进食任何食物。现场用野生蘑菇图谱给患者辨识时，患者及其家属均指出他们所采的"鹅蛋菌"与假淡红鹅膏、淡红鹅膏极其相似。27日，患者家属到相同的地方采摘了数种野生蘑菇标本，患者确认标本中有一种黄色蘑菇是24日进食过的，该种蘑菇经专家确认为剧毒的黄盖鹅膏，能引起肝损害。经过及时救治，6名患者全部恢复出院。

【注】剧毒的黄盖鹅膏与可食用的黄蜡鹅膏外观相似，易引起误采误食。

黄蜡鹅膏（可食用）

8. 条盖盔孢菌 Galerina sulciceps

形态特征：菌盖小型，直径1~3厘米，黄褐色，中央稍下陷且具小乳突，边缘波状，具有明显可达菌盖中央的辐射状沟条。菌褶弯生，淡褐色，稀。菌柄顶部黄色，向下颜色逐渐变深，基部黑褐色。无菌环。

生境：夏、秋季生于热带至南亚热带林中腐殖质上或腐木上。

国内分布：华中、西南地区。

贵州省分布：遵义市、黔南州、铜仁市、安顺市。

条盖盔孢菌

毒蘑菇的那些事

【中毒案例】

2013年11月28日中午，黔南州都匀市某科技公司的厨师张师傅在公司食堂附近的废弃锯木厂的地上看到许多野生蘑菇。他凑近一瞧，觉得应该是"黄丝菌"，心想可以采来炒盘菜晚上给公司的员工们尝尝鲜，换换口味。11月28日下午5点半，公司13名工人在食堂用餐，除中午采的野生蘑菇外，其余几道菜都是用张师傅在菜市场购买的新鲜食材制作的。29日凌晨2点左右，工人们陆续出现腹痛、腹泻、恶心、呕吐、抽搐等症状。29日上午7点半至下午5点，有11人先后到当地镇医院就诊，经输液治疗症状稍有好转后回家。回到家中后，患者病情均反复并加重。截至30日下午3点半，共同就餐的13例患者全部转至黔南州医院治疗，又因病情严重，所有患者于当日全部转至省内最好的两家医院救治。

在厨师张师傅的带领和指认下，疾控中心调查人员在现场采集到患者食用的野生蘑菇，后经专家鉴定为条盖盔孢菌。

条盖盔孢菌为肝脏损害型毒蘑菇，中毒潜伏期长，有假愈期，毒性极强，中毒病死率高。此次事件13例患者无死亡病例，这与患者及时就诊和及时转送上级医院进行更有效的治疗有着密切关系。条盖盔孢菌夏秋季至冬季

第二部分 贵州省常见毒蘑菇类型及中毒案例

在腐木上成群或成丛生长，也经常出现在锯木厂的木屑堆上。

【注】剧毒的条盖盔孢菌与可食用的酒红蜡蘑外观相似，易引起误采误食。

酒红蜡蘑（可食用）

9. 纹缘盔孢伞 *Galerina marginata*

形态特征：菌盖直径1.5~4.5厘米，半球状、钟形至平展，中部有乳头状凸起，黄褐色至褐色，边缘具透明状条纹，水浸状。菌肉薄，褐色。菌褶直生或稍延生，稍密，铁锈色。菌柄长5.5~8厘米，中空，铁锈色。上部有易脱落的菌环。

生境：夏、秋季群生于腐烂的倒木上。

国内分布：东北、西南地区。

贵州省分布：黔南州。

纹缘盔孢伞

第二部分　贵州省常见毒蘑菇类型及中毒案例

【中毒案例】

2010年10月17日中午，黔南州瓮安县某村村民黄某与家人到当地林场采蘑菇，在一片废弃锯木厂的地上，他们采集到一些不知名的野生蘑菇。其中一种蘑菇稍大，菌盖呈黄色伞状，共采集500克左右；另一种蘑菇菌伞和菌柄呈黑色、菌体较小，仅采摘了3～4朵。下午黄某将蘑菇洗净后，放入锅内加入猪油、大蒜煮1小时左右，未发现大蒜变成黑色。晚上7点，黄某一家及亲戚共8人一起食用含蘑菇的晚餐。当夜12点左右，黄某的侄女小红感觉到肚子不舒服，出现严重呕吐、腹泻症状，腹泻15次左右并呕吐不止，黄某等7人也相继出现全身乏力、恶心、呕吐、腹痛、腹泻症状。一直挨到18日7点半，患者误以为是吃了不干净的东西，于是8人分别到当地卫生院、私人诊所输液治疗。除黄某及小红外，其他人都觉得症状减轻，病情好转，便回家休息了。10月21日，黄某及小红病重被转至县医院治疗，其余6人病情反复，再次出现乏力、腹胀、腹泻症状。当日黄某抢救无效死亡，10月26日小红抢救无效死亡。其余6人于10月27日被送到省级医院治疗，入院诊断为毒菌中毒，多脏器衰竭，在省级医院治疗过程中，又有3人因病情加重死亡。此次毒蘑菇中毒事件共造成5人死亡！

瓮安县疾控中心调查人员在中毒者采菌地采集到菌体

毒蘑菇的那些事

稍大、菌盖为黄色的可疑野生蘑菇约1千克,经中毒者及其家人辨认与引起中毒的"黄色野生蘑菇"一样,后专家鉴定这种蘑菇为纹缘盔孢伞。该菌毒性极大,中毒死亡率较高,中毒后会出现头晕、头痛、无力、恶心、呕吐、腹痛、腹泻等症状,严重者会出现吐血、便血、黄疸、肝大、烦躁不安、谵语、血压下降等症状,患者多死于肝昏迷或休克。

【注】剧毒的纹缘盔孢伞与可食用的毛柄库恩菇外观相似,易引起误采误食。

毛柄库恩菇(可食用)

10. 肉褐鳞环柄菇 Lepiota brunneoincarnata

形态特征： 菌盖很小至中等，直径2.6~6厘米，白色或污白色，被近同心环状排列的褐色鳞片，中央具较低且钝的褐色、暗褐色至肝褐色凸起。菌褶离生，白色至乳白色。菌柄近圆柱形，基部明显膨大；无明显菌环，只具有一个像菌环的膜质区；菌柄环区以上部分被白色纤毛，以下部分被褐色鳞片，鳞片呈不完整环状排列。

生境： 夏、秋季生于落叶林中地上。

国内分布： 东北、华北、西北、华中、华东和西南地区。

贵州省分布： 毕节市。

肉褐鳞环柄菇

11. 毒环柄菇 *Lepiota venenata*

形态特征：子实体小型。菌盖直径2~6厘米，白色或污白色，被褐色至红褐色稍反卷的鳞片。菌柄污白色，无明显菌环，仅有一个像菌环的膜质区，膜质区与菌盖表面同色，膜质区以下部分具与菌盖鳞片同色的鳞片。

生境：夏、秋季生于阔叶林地上。

国内分布：华中和西南地区。

贵州省分布：遵义市。

毒环柄菇

第二部分　贵州省常见毒蘑菇类型及中毒案例

【中毒案例】

2016年9月9日，遵义仁怀市坛厂镇某村的王某忙完农活后，在回家的路上看见不远的山头有一片长得茂盛的野生蘑菇。他想起蘑菇汤的鲜美味道就犯了馋，二话不说就跑到山上采摘，特意采摘长得类似往年食用过的蘑菇。不一会儿，王某采摘了1千克左右便兴高采烈地回家了。晚上7点左右，妻子郑某将蘑菇洗净，放入猪油翻炒后做成美味的野生蘑菇汤，顺便炒了一道泡椒土豆丝，一家五口其乐融融地共进晚餐。9月10日上午7点左右，王某感觉全身无力，腹痛，有轻微腹泻，同餐的4人也出现腹痛、腹泻等症状。当日，5人被送到仁怀市人民医院就诊，接受相应的对症治疗。11日早上，医生查房检查，患者郑某、王某的孙女病情加重，临床结果显示肾功能损伤、肝功能衰竭，医生建议家属将5名患者转入上级医院救治。于是5名患者立即被转到遵义市第一人民医院，郑某和孙女分别收治于急诊科重症监护室和儿科重症监护室，患者王某和女儿收治于急诊科病房。经过医院的积极治疗，患者5人均痊愈出院。

仁怀市疾控中心接到仁怀市人民医院防保科电话报告后，立即上报中心领导和遵义市疾控中心，上级部门立即派出调查小组前往医院进行现场调查，结合流行病学调查结果以及病人临床表现，初步判定为野生菌食用中毒事件。对患者食用的蘑菇进行采样后，经专家鉴定致病蘑菇为毒环柄菇。

二、病情较危重的类型——急性肾衰竭型

在我国，急性肾衰竭型毒蘑菇导致的中毒主要由鹅膏菌属中的种类引起，中毒者误食后有 8~12 小时的潜伏期，之后出现呕吐、腹泻、腹痛等肠胃症状，从误食到出现肝、肾损害一般是 1~4 天。肝功能中度受损的表现为肝转氨酶升高至正常上限的 15 倍。肾功能损害的表现为急性肾小管间质肾病，临床表现为少尿或无尿，生化指标表现为血液中肌酐和尿素氮升高。

分布于贵州省的此类型毒蘑菇主要有欧氏鹅膏、假褐云斑鹅膏、赤脚鹅膏、拟卵盖鹅膏等。

1. 欧氏鹅膏 Amanita oberwinklerana

形态特征：菌盖中等大小，直径 3~6 厘米，白色至米色，光滑或有时被有 1~3 片白色、膜质鳞片，边缘无沟纹。菌褶白色，老时米色至淡黄色；短菌褶近菌柄端渐窄。菌柄白色，常被白色反卷纤毛状或绒毛状鳞片，基部腹鼓状至白萝卜状。菌环上位，白色。菌托浅杯状，白色。

生境：夏秋季生于南亚热带及中亚热带的阔叶林、针叶林或针阔混交林中地上。

国内分布：华东、华南和西南地区。

贵州省分布：贵阳市、遵义市、铜仁市、黔东南苗族侗族自治州（简称黔东南州）、黔南州。

欧氏鹅膏

毒蘑菇的那些事

【中毒案例】

2022年6月30日中午，都匀市某村的罗某从地里干完活回家的路上看到附近有一些野生菌，有黄色的、白色的。凭以往采摘食用野生蘑菇的经验，他认为黄色野生蘑菇是"丛毛菌"，白色的野生蘑菇虽然叫不出名字，只采了6朵（约40克），但是自认为可以食用。他边采摘边想着可以做一道野生蘑菇炖鸡，邀请朋友来家中聚餐。回到家，罗某杀了一只鸡，用所采摘的黄色野生蘑菇炖鸡，白色野生蘑菇单独煮素汤，随后便邀约好友王某、石某、任某到自己家中聚餐。

7月1日凌晨1点，石某最先出现头晕、腹痛、腹泻症状。凌晨2点，其余3人也陆续出现腹痛、腹泻等症状。4名患者于7点陆续到达都匀市中医院急诊科就诊，急诊科及时给予对症治疗，症状稍微转轻之后将患者转入医疗条件更完善的医院继续治疗。经过积极治疗，4人于7月7—9日陆续治愈出院。

当地疾控中心调查人员接到报告后，立即到现场进行调查。因蘑菇已被食用完，无剩余样品，调查人员查看蘑菇照片，进行形态学比对，初步判定为鹅膏类毒蘑菇。两天之后，疾控中心调查人员到患者采摘地点采集到同类蘑菇5朵，经专家鉴定，认定为欧氏鹅膏。

2. 假褐云斑鹅膏 Amanita pseudoporphyria

形态特征：菌盖中等至大型，直径5~15厘米，浅灰色、灰色至灰褐色，具深色纤丝状隐生花纹或斑纹，边缘常悬垂有白色菌环残余，但无沟纹。菌褶白色，短菌褶近菌柄端渐窄。菌柄白色，常被白色纤毛状至粉末状鳞片，基部棒状、腹鼓状至梭形。菌环顶生至近顶生，白色，宿存或破碎消失。菌托浅杯状，白色至污白色。

生境：夏、秋季生于各种针叶林或针阔混交林中地上。

国内分布：华东、华中、华南、西南和西北地区。

贵州省分布：遵义市、黔西南州。

假褐云斑鹅膏

3. 赤脚鹅膏 Amanita gymnopus

形态特征：菌盖中等至较大，直径5.5~11厘米，白色、米色至淡褐色，被淡黄色、淡褐色至褐色的破布状至碎屑状鳞片，边缘常有絮状物但无沟纹。菌肉白色，受伤后缓慢变为淡褐色至褐色，有硫黄气味或气味稍辣。菌褶离生，米色、淡黄色至黄褐色，短菌褶近菌柄端渐窄。菌柄污白色至淡褐色，基部宽棒状至近球形，近光滑。菌环顶生至近顶生，膜质，白色至米色，有时在菌环下方还有一小菌环。

生境：夏、秋季生于南亚热带及中亚热带的阔叶林或针阔混交林中地上。

国内分布：华东、华中、华南和西南地区。

贵州省分布：黔西南州。

赤脚鹅膏

4. 拟卵盖鹅膏 Amanita neoovoidea

形态特征：菌盖中等至大型，直径7~18厘米，白色至米黄色，被鳞片（外层膜状，淡黄色至赭色；内层粉末状，白色），边缘常有白色至米黄色絮状物但无沟纹。菌褶白色至米黄色，短菌褶近菌柄端渐窄。菌柄被白色絮状至粉末状鳞片，基部腹鼓状至白萝卜状，被淡黄色至赭色的破布状、环带状或卷边状鳞片。菌环上位，膜质，白色，易破碎消失。

生境：夏、秋季生于亚热带针叶林或针阔混交林中地上。

国内分布：华东、华中、华南和西南地区。

贵州省分布：黔西南州。

拟卵盖鹅膏

三、造成贵州省死亡人数最多的类型——横纹肌溶解型

横纹肌溶解型毒蘑菇导致的中毒发病时间最短为 10 分钟，最晚也在 1 小时内出现症状。开始发病时表现出恶心、呕吐、腹痛、腹泻等症状，并有乏力感；24 小时后，表现为全身乏力明显、肌肉痉挛性疼痛、明显的腰背痛、胸闷、心悸、呼吸急促困难，出现血尿或血红蛋白尿，尿液呈酱油色。生化指标表现为肌酸激酶急剧上升，严重者最后因多器官功能衰竭死亡。

分布于贵州省的此类型蘑菇主要有亚稀褶红菇、油黄口蘑等。

第二部分 贵州省常见毒蘑菇类型及中毒案例

1. 亚稀褶红菇 Russula subnigricans

形态特征：子实体中等至大型。菌盖直径6~12厘米，成熟后中部常下凹，呈漏斗状，菌盖表面浅灰色至炭黑色，成熟后常向上反卷，边缘无条棱。菌肉白色，受伤后易变红色而不再变黑。菌褶白色，受伤后变红色；菌褶厚，稍密至稍稀疏，不等长，脆而易碎，直生。菌柄粗短，一般长5~9厘米，浅灰色，内部松软。

生境：7月上旬至9月下旬生长于马尾松与栲树等山毛榉科植物的混交林中。

国内分布：华东、华中、西南和华南地区。

贵州省分布：遵义市、黔东南州、六盘水市。

亚稀褶红菇

毒蘑菇的那些事

【中毒案例】

2016年7月19日上午，六盘水市水城区某村村民陈某在林中采摘了不少野生蘑菇，回家途中遇到了唐某，陈某十分热情地邀请唐某去他家中做客吃野生蘑菇。唐某对其进行劝阻，告知其采摘的野生蘑菇不安全，食用后可能会中毒。陈某却以"老鼠咬过的萝卜甜，虫子吃过的菌子香"为由拒听劝说。陈某开心地拎着一袋野生蘑菇回了家，心里一直想着回家邀请亲朋好友来吃一顿美味的菌汤火锅。下午4点，陈某及妻子邀请了亲戚朋友共8人在家中食用上午采摘的野生蘑菇。陈某采摘的野生蘑菇有1.5~2千克，主要有两种：一种为白色，量较多（约占2/3）；另一种为灰色，量较少。陈某的妻子将采摘的野生蘑菇一朵一朵地清洗了3~4遍，然后加入清水、盐、味精及大蒜炖煮1小时后食用。8人将加工后的野生蘑菇全部食用完，其中陈某的妻子及邻居家孙子进食较少，小孩子只吃了3~4朵野生蘑菇，陈某的妻子只喝了一碗汤。

晚餐结束后约15分钟，陈某的妻子出现呕吐症状，约1~6小时后，一起进食野生蘑菇的人陆续发病，症状均以恶心、呕吐为主，8人发病后先后被送到市人民医院、省人民医院救治。医院检查结果提示，除进食蘑菇量较少的陈某的妻子和邻居家孙子外，其余中毒者均有明显的横纹肌溶解综合征，出现严重心功能、肾功能损害。虽经医院全

第二部分 贵州省常见毒蘑菇类型及中毒案例

力救治,病情严重的 6 人终因多脏器功能衰竭死亡。属地疾控中心调查人员到中毒者采集野生蘑菇的山坡上采集到大量野生蘑菇,其中一种灰色蘑菇经陈某的妻子确认为他们所进食的蘑菇,经专家鉴定,这种蘑菇为亚稀褶红菇。

【注】剧毒的亚稀褶红菇与可食用的稀褶红菇外观非常相似,极易引起误采误食!近年来在我省常发生亚稀褶红菇中毒事件,病死率极高。该菌与老百姓经常采食的红菇属中的其他种类如稀褶红菇、密褶红菇极为相似,老百姓将这三种蘑菇统称为"火炭菌",很难从外观形态上区分是否有毒。

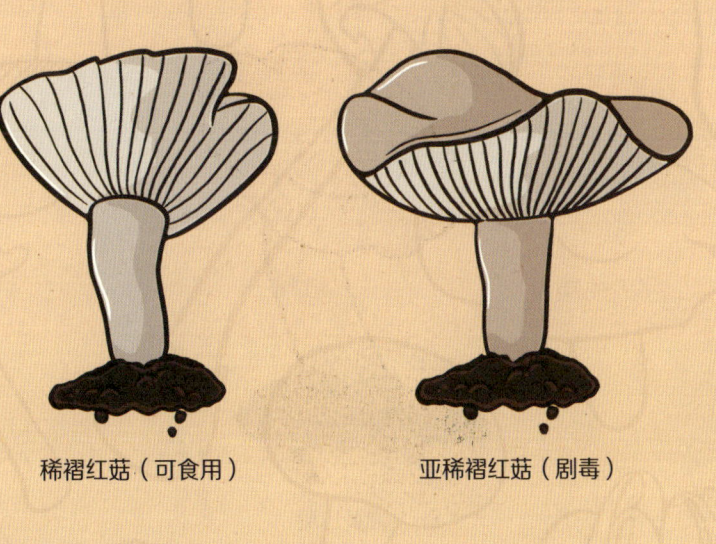

稀褶红菇(可食用)　　　亚稀褶红菇(剧毒)

2. 油黄口蘑 *Tricholoma equestre*

形态特征：子实体中型至大型。菌盖直径5~10厘米，表面黄褐色，中央颜色较深，边缘变浅黄色，被近平伏褐色细小鳞片，湿时黏。菌肉淡黄色或奶油色，有面粉味。菌褶淡黄色至柠檬黄色，弯生，稍密，不等长，边缘锯齿状。菌柄淡黄色，圆柱形，被纤毛状小鳞片。

生境：夏、秋季生于针阔混交林地上或松树林地上。

国内分布：东北、华东、西北和西南地区。

贵州省分布：黔西南州。

油黄口蘑

四、造成中毒事件最多的类型——胃肠炎型

误食胃肠炎型毒蘑菇后,大多数人在15分钟至2小时内出现症状,主要表现为恶心、呕吐、腹绞痛、腹泻,可能伴有焦虑、发汗、畏寒和心跳加速等。严重情况下,可能出现肌肉痉挛、循环障碍或电解质流失。此类中毒病程较短,若及时治疗,恢复较快,预后良好。

在贵州发现的胃肠炎型毒蘑菇有日本红菇、毒红菇、臭黄菇、点柄黄红菇、大青褶伞、变红青褶伞、点柄乳牛肝菌、新苦粉孢牛肝菌、琥珀乳牛肝菌、日本类脐菇、近江粉褶菌、丛生垂暮菇、毛钉菇、皂味口蘑、大丛耳菌、橙黄硬皮马勃、栎裸脚菇、毛柄网褶菌、疣孢褐盘菌、赭红拟口蘑等。

1. 日本红菇 Russula japonica

形态特征：子实体中等至大型。菌盖直径6~13厘米，中央下凹，脐状，后伸展近漏斗状，边缘反卷，白色至污白色，表面常具浅褐色鳞状物。菌肉较厚，白色，不变色。菌褶直生，不等长，窄，很密，近白色，伤后不变色。菌柄白色，短，长4~6厘米，实心。

生境：夏、秋季在阔叶林地上群生或单生。

国内分布：华中、西南、华东和华南地区。

贵州省分布：贵阳市、遵义市、铜仁市、黔东南州、黔南州、黔西南州。

日本红菇

第二部分　贵州省常见毒蘑菇类型及中毒案例

【中毒案例】

2022年6月20日，铜仁市松桃苗族自治县某村的杨某出门闲逛时，在离家不远处的板栗林中发现了一堆"石灰菌"和"火炭菌"，她兴高采烈地跑回家叫来老公一同采摘。两人花了一些工夫摘完了这些"石灰菌"和"火炭菌"。杨某把蘑菇全丢进了袋子，用手掂了掂大约有2.5千克。回家的路上，杨某遇见了同村的好友田某，便分了1千克给田某。21日早上8点左右，田某用大蒜、鲜肉搭配着新鲜蘑菇一起烹饪，还炒制了几个小菜，一家12人吃得不亦乐乎。田某还想着抽时间问问杨某是在哪里采摘的"石灰菌"和"火炭菌"，准备带着家人一同前去采摘一些洗净后放冰箱里储存，以便下次食用。

当天早上10点左右，田某出现了恶心、呕吐、头晕症状。刚开始家里人以为田某只是身体不适，让田某卧床休息，但症状一直没有缓解，反而越加严重。另外几名一同进早餐的家人也相继出现恶心、呕吐、腹泻症状，田某一家终于意识到了事情的严重性，于中午12点前往铜仁市人民医院急诊科就诊。急诊科医生根据临床症状，对情况比较严重的田某和王某进行了洗胃处理，并给予了解毒、利尿、导泻等对症治疗，另外几人症状较轻暂未予处理。市人民医院做出诊断后，立即将此事件报告给疾控中心。下午1点，碧江区疾控中心组织技术人员前往该村调查，在病人家属带领下，调查人员在山中采到了病人食用的"石灰菌"和"火炭菌"，经专家鉴定，病人食用的"石灰菌"为胃肠炎型的日本红菇。

2. 毒红菇 Russula emetica

形态特征：子实体中等大小。菌盖直径5~9厘米，扁半球形，后变平展，老时下凹，浅粉红色至珊瑚红色，边缘色较淡，有棱纹，表皮易剥离，表面黏。菌肉薄，白色，近表皮处红色，味辛辣。菌褶直生，较稀，等长，纯白色，褶间有横脉。菌柄圆柱形，长3~6厘米，白色或粉红色，内部松软。

生境：夏、秋季单生或散生于松树林或阔叶林中地上。
国内分布：各地分布广泛。
贵州省分布：六盘水市。

毒红菇

3. 臭黄菇 Russula foetens

形态特征：子实体中等大小。菌盖直径5~9厘米，初期近球形，后扁半球形至平展，中部稍下凹，土黄色至浅黄褐色，往往中部土褐色，表面黏，盖缘初时内卷，后平展，有由小疣组成的明显棱纹，表皮不时龟裂成不规则的块斑。菌肉污白色，表皮下带土黄白色，脆，味辣。菌褶近弯生，稍密，不等长，分叉，褶间有横脉，白色，往往出现褐色点或斑。菌柄长4~9厘米，近圆柱形，污白色，老后有褐色斑痕。

生境：生于阔叶林中地上。

国内分布：全国各地。

贵州省分布：黔东南州、黔西南州、铜仁市。

臭黄菇

4. 点柄黄红菇 Russula punctipes

形态特征：子实体中等大小。菌盖直径 5~9 厘米，扁半球形至平展，中部稍下凹，污黄色至黄褐色，表面黏，表皮常龟裂脱落，盖缘有明显棱纹。菌肉污白色，表皮下带土黄白色。菌褶直生，不等长，有分叉，褶间有横脉，污白色至淡黄褐色。菌柄长 4~9 厘米，近圆柱形，污黄色，具黑褐色小腺点。

生境：夏、秋季生于阔叶林中地上，常群生。

国内分布：全国各地。

贵州省分布：铜仁市。

点柄黄红菇

5. 大青褶伞 Chlorophyllum molybdites

形态特征：菌盖直径5~25厘米，白色，半球形、扁半球形，后期近平展，中部稍凸起，幼时表皮暗褐色或浅褐色，逐渐裂变为鳞片；中部鳞片大而厚，呈褐紫色，边缘渐少或脱落。菌肉白色或带浅粉红色，松软。菌褶离生，宽，不等长，初期污白色，后期浅绿色至青褐色或淡青灰色，褶缘有粉粒。菌柄长10~28厘米，圆柱形，污白色至浅灰褐色，纤维质，菌环以上部分光滑，菌环以下部分有白色纤毛；基部稍膨大，空心；菌柄菌肉伤后变褐色，干时有芳香气味。菌环上位，膜质，可移动。

生境：夏秋季喜于雨后在草坪、蕉林地上生长，群生或散生。

国内分布：华南、华东、华中、西南、华北和东北地区。

贵州省分布：遵义市、黔南州。

大青褶伞

毒蘑菇的那些事

【中毒案例】

2021年8月20日是中元节，遵义市凤冈县某村的王某一家早上就开始忙碌起来，宰鸡杀鸭，准备好过节用的纸钱、香烛等。忙碌了一上午终于忙完，王某坐在沙发上休息起来。为犒劳王某，王某的妻子将冰箱急冻室里的"鸡坳菌"和"虫草"取出解冻，搭着豌豆、排骨和瘦肉煮了豌豆排骨虫草汤及鸡坳菌瘦肉汤，还做了两道家常小菜。下午5点，王某一家三口开餐，晚餐后王某一家坐在沙发上看了一会儿电视，便各自上床睡觉了。

8月21日凌晨2点左右，王某的妻子突然出现震颤、四肢麻木、呕吐等症状。清晨6点至7点，王某及其母亲也相继出现震颤、呕吐的症状。随后三人立即赶往卫生院治疗。卫生院将此事及时上报给县疾控中心，中心派遣调查人员至卫生院进行调查。调查人员询问王某的妻子后得知，20日傍晚他们三人皆食用了自采的野生蘑菇，晚餐中食用的"虫草"为2021年三四月份家人在当地山林内采挖的，洗净后晒干并放入冰箱冷冻未曾食用过，"鸡坳菌"则是10天前在自家房后桃树下草丛中采摘的，洗净后放冰箱冷冻保存，且近几年他们均在同一地方采摘野生蘑菇进食，但未曾中毒。县疾控中心组织技术人员立即前往王某家调查，对在其家原先采挖的"虫草"和餐食中剩余"鸡坳菌"和"虫草"进行样品采集。送检后，中国疾病预防控制中心职业卫生与中毒控制所反馈送检样品中鉴定出胃肠炎型的大青褶伞。

6. 变红青褶伞 Chlorophyllum hortense

形态特征：菌盖直径4~7厘米，幼时近卵形，后期平展，中央凸起；表面白色至米色，被淡黄色至黄褐色易脱落鳞片；边缘有条纹；菌肉白色，受伤后变淡红色。菌褶离生，白色。菌柄长6~8厘米，污白色，受伤后淡红色；菌环上位，膜质，白色。

生境：生于亚热带地区地上。

国内分布：华南和西南地区。

贵州省分布：遵义市、黔南州。

变红青褶伞

7. 点柄乳牛肝菌 *Suillus granulatus*

形态特征：菌盖中等大小，直径 4~10 厘米，淡黄色或黄褐色，湿时黏滑，边缘内卷。菌肉奶油色至淡黄色。子实层体表面浅黄色至黄色。菌柄上部浅黄色至黄色，中部褐橘黄色，基部浅黄色至黄色；表面被深色的细点。

生境：夏、秋季生于二针松或三针松林中地上。

国内分布：东北、华北、华中、华东和西南地区。

贵州省分布：安顺市、铜仁市。

点柄乳牛肝菌

第二部分 贵州省常见毒蘑菇类型及中毒案例

【中毒案例】

2021年11月13日早晨，安顺市平坝区鼓楼办蒙坝村的曹某等三人正值休息，相约到附近山坡上逛逛，碰碰运气，看看能不能采摘到野生蘑菇。眼尖的曹某瞧见松叶林下有一片冒出头的蘑菇，欣喜地唤上蔡某和刘某，小心翼翼地将蘑菇连根拔起装进塑料袋中。曹某三人采了小半袋蘑菇，拎着又在山上闲逛了一会儿，便各自回了家。晚上7点，蔡某和刘某来到曹某家中，帮着一起清洗了早晨采摘的蘑菇和购买的蔬菜，煮了一锅味道极其鲜美的蘑菇汤。此外曹某还炒制了鸡肉，搭着豆腐，三人将菜吃得干干净净。晚餐后，蔡某和刘某分别回了家。

餐后不到一小时，大约晚上9点，曹某三人相继出现寒战、大汗、呕吐、腹痛、腹泻等症状，陆续前往平坝区人民医院急诊科就诊洗胃，之后三人陆续转入住院部消化内科进行对症治疗。平坝区人民医院接诊三人后，立即将此事件报告给区疾控中心。据调查人员调查，三人当日所食食物均为当日新鲜制备，无隔夜菜，烹调所用调味品与平时无特殊。调查人员询问后得知三人均有食用自采的蘑菇，便前往曹某家取样。经专家鉴定，引起病人中毒的蘑菇为点柄乳牛肝菌。

8. 新苦粉孢牛肝菌 *Tylopilus neofelleus* Hongo

形态特征：菌盖中等至大型，直径5~16厘米，浅紫罗兰色至褐色。菌肉白色至污白色，受伤不变色，味苦。子实层体表面淡粉色，受伤不变色。菌柄褐色，顶端常呈淡紫色，光滑，不具网纹，基部菌丝白色。

生境：夏、秋季生于亚热带针叶林或针阔混交林中地上。

国内分布：华东、华中和西南地区。

贵州省分布：黔西南州。

新苦粉孢牛肝菌

9. 琥珀乳牛肝菌 *Suillus placidus*

形态特征：菌盖中等大小，直径6~10厘米，幼时近白色，成熟后米色至淡黄色，湿时黏滑。菌肉白色、米色至淡黄色。子实层体直生至延生，表面米色至黄色。菌柄表面被乳白色至淡黄色、老时暗褐色的细点。

生境：夏、秋季生于五针松林中地上。

国内分布：东北、西南和华南地区。

贵州省分布：贵阳市、六盘水市。

琥珀乳牛肝菌

10. 日本类脐菇 Omphalotus guepiniformis

形态特征：菌盖直径6~23厘米，初期圆球形，后平展呈扇形、肾形或半圆形，菌盖边缘微下卷，表面橙黄色、肉桂色，近中央处有鳞片散生，中央暗紫色，组成不规则的斑纹，有棉絮状鳞片相间，有裂纹。菌肉淡黄色，新鲜子实体有令人不悦的气味。菌褶脆，纤维质，切开后基部有黑点，弯曲，近柄处下延。菌柄侧生，长1.5~2厘米。

生境：叠生于山毛榉或栎树枯干上。

国内分布：春季出现在华南和西南地区，夏、秋季至初冬出现在华东、华中、西南和东北地区。

贵州省分布：黔南州、黔东南州。

日本类脐菇

第二部分 贵州省常见毒蘑菇类型及中毒案例

【中毒案例】

2019年11月6日,榕江县平永镇某村村民刘某和田某夫妻俩前往离家不远处的山上采冬笋,两人背着背篓和小砍刀,步履轻松地上了山。夫妻二人在林中采了不少冬笋,突然,田某在枯树上发现了一堆不知名的野生蘑菇,看着十分新鲜脆嫩。田某心下一喜,想着又可以加餐了,便将这些野生蘑菇摘进了背篓,大概有4千克,随后兴奋地拉着刘某回了家。到家后刘某分了1千克左右的野生蘑菇给自家侄儿王某。晚上6点过后,两家分别在各自家中就餐。刘某夫妻俩将野生蘑菇仔细清洗干净,搭配大蒜煮了一锅野生蘑菇火锅,配着辣椒蘸水吃得十分可口。王某家菜色比较丰富,做了排骨冬瓜火锅、野生蘑菇火锅,另有一盘炒黄豆和一盘炒田鱼。然而饭后40分钟,王某的小孙女开始恶心、呕吐,之后刘某、田某、王某等人也相继出现恶心、呕吐的症状。发现不适后,他们立即联系村里亲戚帮忙前往县医院急诊室就诊,入院后接受洗胃等对症处理。

县医院立即将此事上报县疾控中心,中心组织专业流行病学调查小组赶往医院进行现场调查。调查人员询问后得知,两家人共同食用的食物只有自采的不知名野生蘑菇,其他食物均不相同,往日食用也未出现类似症状。据此,流行病学调查小组初步考虑这是一起误食不知名野生蘑菇引发的食物中毒事件。田某在8日出院后又来到山坡上采摘了之前误食的野生蘑菇寄给专家鉴定,确定引起中毒的蘑菇为日本类脐菇,具有胃肠炎型毒性。

11. 近江粉褶菌 *Entoloma omiense*

形态特征：菌盖直径2.5~4厘米，初圆锥形，后斗笠形至近平展，中部常具有稍尖或稍钝的凸起，灰黄色、浅灰褐色至浅黄褐色，有时带粉红色，具条纹，光滑。菌肉薄，白色。菌褶宽达5~7毫米，直生，较密，薄，初白色，成熟后粉红色至淡粉黄色，具2~3行小菌褶。菌柄长5~14厘米，圆柱形，近白色至与盖色接近，光滑，基部具白色菌丝体。

生境：单生或散生于竹林或其他林中的地上。

国内分布：西南、华中、华东和华南地区。

贵州省分布：贵阳市、遵义市、黔南州。

近江粉褶菌

第二部分 贵州省常见毒蘑菇类型及中毒案例

【中毒案例】

2022年9月21日，惠水县某村村民王某和田某结伴而行，走在乡间小道上。连续闷热了好久，天气终于转凉，凉爽的风迎面吹来。王某和田某兴致高昂，沿着小道背后的山路往竹林中走去。两人一路闲聊着，忽然发现竹林下有一堆冒出头的野生蘑菇，走近一看，这些野生蘑菇均呈浅黄色，菌柄较细，菌朵大的直径有3~4厘米，瞧着很可口。正巧田某身上带着塑料袋，两人几下就将这些蘑菇摘进了袋子。王某和田某继续往竹林深处走去，又看见了一堆长相相同的浅黄色蘑菇，她们心下一喜，将这些蘑菇也采摘了。两人兴致勃勃地走回王某家，用清水将蘑菇一朵一朵仔细地洗干净，用大蒜、盐等调味料对蘑菇进行了烹饪。这种蘑菇吃起来很香很爽口，两人三下五除二就把蘑菇吃得干干净净。

大约过了1个小时，两人开始恶心、呕吐、腹痛、频繁腹泻，并出现全身发热、抽搐的症状。意识到不对劲的两人立即前往县医院进行救治。生化检测结果提示两人的心、肝、肾均有轻度损害，经县医院对症治疗后，两人的情况终于好转。惠水县医院接收救治王某两人时便将情况上报给了县疾控中心，中心立即派人前往医院进行调查，了解到两人均食用了自采的蘑菇，但是家中采摘的蘑菇已经吃完，碗筷也收拾干净，所以没有采集到剩余蘑菇的样本。9月24日，王某和田某痊愈出院后，带领县疾控中心流行病学调查组专业人员前往她们原先采摘野蘑菇的地方重新采摘到相同的浅黄色野蘑菇。流行病学调查组人员随后对采摘的野生蘑菇进行了拍摄，将照片发给权威人士辨认，考虑为近江粉褶菌。随后，专业人员对烘干的野生蘑菇标本进行检测，确定引起此次中毒的毒蘑菇为近江粉褶菌，具有胃肠炎型毒性，并伴有一定的神经毒性。县疾控中心工作人员再次告诫王某和田某不要随意采摘和食用不认识的蘑菇，避免发生中毒，王某两人也点头同意。

12. 丛生垂暮菇 Hypholoma fasciculare

形态特征：菌盖直径0.3～4厘米，近半球形至平展，硫黄色至红褐色、橙褐色。菌肉浅黄色，较薄，味极苦。菌褶弯生，极密，硫黄色至橄榄绿色。菌柄长1～5厘米，硫黄色、橙黄色至暗红褐色。

生境：簇生至丛生于腐烂的针阔叶树伐木、木桩、腐倒木、腐烂的树枝上，或地下埋藏的腐木上。

国内分布：全国大部分地区。

贵州省分布：遵义市。

丛生垂暮菇

13. 毛钉菇 *Gomphus floccosus*

形态特征：菌盖中等大小，直径 3~7 厘米，喇叭状，黄色至橘红色，被红色鳞片，中央下陷至菌柄基部。菌褶不典型或缺如，子实层表面褶皱状，延生，污白色至淡黄色。菌柄污白色至淡黄色。

生境：夏、秋季生于各种针叶林中地上。

国内分布：全国大部分地区。

贵州省分布：黔西南州。

毛钉菇

14. 皂味口蘑 Tricholoma saponaceum

形态特征：菌盖中等大小，直径6~10厘米，中央稍凸起，中央暗灰褐色，其余部分橄榄色，至边缘变为黄色至污白色，不黏。菌肉白色，有肥皂味。菌褶弯生，米色，较稀。菌柄白色，被白色至灰色鳞毛，基部带有粉红色斑点。

生境：夏季生于各种阔叶林或针阔混交林中地上。

国内分布：全国大部分地区。

贵州省分布：遵义市。

皂味口蘑

15. 大丛耳菌 *Wynnea gigantea*

形态特征：子囊盘长4~8厘米，宽2~3厘米，兔耳状，直立，边缘内卷，下部与菌核相连。子实层表面红褐色。囊盘被黄褐色，向下变为红褐色。菌核暗褐色，结状。

生境：夏、秋季丛生于林中地上。

国内分布：东北、华中地区。

贵州省分布：遵义市。

大丛耳菌

16. 橙黄硬皮马勃 *Scleroderma citrinum*

形态特征：子实体直径3~13厘米，近球形或扁圆形，土黄色、灰黄褐色至近橙黄色或橙褐色，表面初期近平滑，渐形成龟裂状鳞片，皮层厚，剖面带红色，成熟后变浅色。内部幼时白色，孢体成熟过程中的初期灰紫色，渐呈紫黑褐色，后期包被破裂散发孢粉。

生境：夏、秋季生于松林等林中或林缘地上，群生或单生。

国内分布：全国大部分地区。

贵州省分布：六盘水市。

橙黄硬皮马勃

17. 栎裸脚菇 Gymnopus dryophilus

形态特征：菌盖直径2~7厘米，初期凸镜形，后期平展，赭黄色至浅棕色，中部颜色较深，表面光滑，边缘平整至近波状，水渍状。菌肉白色，受伤后不变色。菌褶离生，稍密，污白色至浅黄色，不等长，褶缘平滑。菌柄长3~7厘米，圆柱形，脆，黄褐色。

生境：夏、秋季簇生于林中地上。

国内分布：全国大部分地区。

贵州省分布：贵阳市、铜仁市、六盘水市。

栎裸脚菇

18. 毛柄网褶菌 Tapinella atrotomentosa

形态特征：菌盖直径 5~12 厘米，平展至上翘；表面淡褐色至淡灰褐色，受伤后变暗灰色或暗褐色，近光滑，边缘内卷；菌肉奶白色，厚达 8 毫米。菌褶延生，淡褐色或淡黄褐色，受伤后先变淡紫色，最后变黑色。菌柄长 3~9 厘米，密被暗褐色或暗紫褐色茸毛；菌肉浅黄色至污奶油色，受伤后不变色或变色不明显；基部菌丝淡褐色。

生境：夏、秋季生于针叶林、针阔混交林中地上或腐木上，有时生于腐竹桩上。属腐生菌。

国内分布：主要分布于云南中部。

贵州省分布：遵义市。

毛柄网褶菌

19. 疣孢褐盘菌 *Peziza badia*

形态特征：子囊盘直径3~7厘米，浅碟形，不规则起伏，无柄。子实层表面深黄褐色。囊盘被红棕色，表面礼糠状，近边缘粗糙更明显。菌肉薄，易碎，红棕色。

生境：夏、秋季群生于林中地上。

国内分布：主要分布于西北地区。

贵州省分布：遵义市。

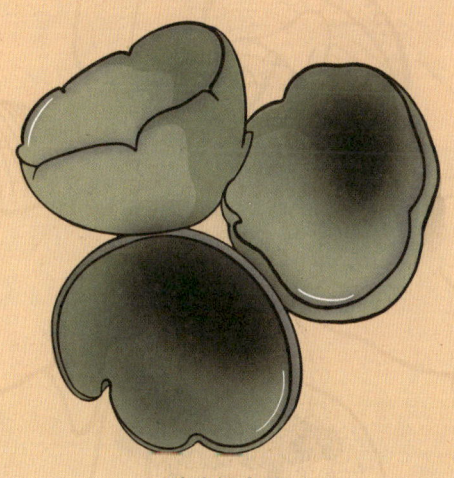

疣孢褐盘菌

20. 赭红拟口蘑 Tricholomopsis rutilans

形态特征：菌盖直径5~10厘米，扁半球形至平展，黄褐色至褐黄色，中部色较深，密被红褐色鳞片。菌肉厚3毫米，黄色至黄褐色。菌褶淡黄色至黄色。菌柄长5~10厘米，淡黄色至黄色，被红褐色鳞片。

生境：夏季生于林中腐木上。

国内分布：全国大部分地区。

贵州省分布：六盘水市。

赭红拟口蘑

21. 格纹鹅膏 Amanita fritillaria

形态特征：菌盖直径4~10厘米，浅灰色、褐灰色至浅褐色，具辐射状隐生纤丝花纹，具深灰色至近黑色鳞片。菌柄长5~10厘米，白色至污白色，被灰色至褐色鳞片；基部呈近球形、陀螺形至梭形，其上半部被有深灰色、鼻烟色至近黑色鳞片。菌环上位。

生境：夏、秋季散生或群生于针叶林、阔叶林中地上。

国内分布：全国大部分地区。

贵州省分布：遵义市、安顺市、黔南州、黔西南州。

格纹鹅膏

22. 灰疣鹅膏 Amanita griseoverrucosa

形态特征：菌盖直径 7~13 厘米，浅灰色至污白色，被浅灰色至灰色、疣状至锥状鳞片。菌肉厚，白色，肉质。菌柄长 6~12 厘米，污白色至浅灰色；基部腹鼓状至梭形。菌环易破碎消失。

生境：夏、秋季生于针叶林、阔叶林或针阔混交林中地上。

国内分布：华中、华南等地区。

贵州省分布：遵义市。

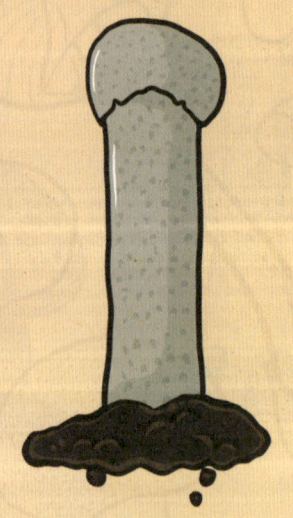

灰疣鹅膏

23. 姜黄鹅膏 Amanita flavipes

形态特征：菌盖直径3.5~12厘米，浅黄色至黄褐色；表面菌幕残余黄色至浅黄色，颗粒状至疣状。菌柄长5~15厘米，白色、浅黄色至黄色；基部近球形、卵形至腹鼓状；上半部被有浅黄色至黄色、粉末状至疣状菌幕残余。菌环上位。

生境：夏、秋季生于针叶林、针阔混交林中地上。

国内分布：全国大部分地区。

贵州省分布：贵阳市、遵义市。

姜黄鹅膏

24. 橙黄鹅膏 Amanita citrina

形态特征：菌盖直径 5~8 厘米，淡黄色至黄色，中央色稍深，被淡黄色块状鳞片，边缘平滑。菌肉白色。菌柄长 6~10 厘米，白色至淡黄色，基部臼状至近平截。菌环上位，白色至淡黄色，膜质。

生境：夏、秋季生于具有壳斗科和松科植物的林中地上。

国内分布：全国大部分地区。

贵州省分布：遵义市。

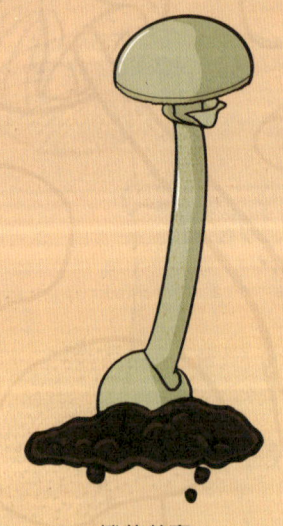

橙黄鹅膏

五、可能让人出现幻觉的类型——神经精神型

误食神经精神型毒蘑菇后发病快,通常在15分钟至2小时内发病。引起神经精神型中毒的毒蘑菇种类较多,可能产生4种类型的神经中毒:①含毒蕈碱(muscarine)的种类产生外周胆碱能神经毒性;②含异噁唑衍生物(isoxazole derivatives)的种类产生谷氨酰胺能神经毒性;③含鹿花菌素(gyromitrin)的种类产生癫痫性神经毒性;④含裸盖菇素(psilocybin)的种类产生致幻觉性神经毒性。这4种类型的神经中毒症状虽然不尽相同,但中毒初期都有胃肠道症状。另外,还有毒素尚不清楚的类型,如牛肝菌科中的粉盖黄肉牛肝菌 Butyriboletus roseoflavus、华丽新牛肝菌 Neoboletusmagnificus 和红孔牛肝菌 Rubroboletus sinicus。

分布于贵州省的此类型毒蘑菇主要有古巴裸盖菇、卡拉拉裸盖菇、卵囊裸盖菇、蝶形斑褶菇、双孢斑褶菇、毡毛小脆柄菇、小豹斑鹅膏、球基鹅膏、红托鹅膏、圆足鹅膏、锥鳞鹅膏、红褐鹅膏、土红鹅膏、热带紫褐裸伞、赭黄裸伞、多色杯伞、毒鹿花菌等。

1. 古巴裸盖菇 Psilocybe cubensis

形态特征：菌盖直径1.5~4.8厘米，圆锥形或钟形，近白色至黄褐色，水渍状，受伤处或触碰时变蓝色。菌肉白色，伤处变蓝。菌褶直生或弯生，暗灰色至暗紫褐色。菌柄长4~13厘米，白色至黄褐色，伤处变蓝。菌环白色，膜质。

生境：夏、秋季单生或群生于粪堆上，多生于牛粪上。

国内分布：华东、西南地区。

贵州省分布：黔东南州、黔西南州。

古巴裸盖菇

第二部分 贵州省常见毒蘑菇类型及中毒案例

【中毒案例】

2019年2月25日中午，黔东南州榕江县某村的赵某照常去山上自家牛棚里喂牛，在牛棚后面意外发现了一堆不知名的白色野生蘑菇，又鲜又嫩，看着像是没毒的样子。他心下一喜，将这些野生蘑菇全部采摘下来，用手掂了掂袋子，大概有2千克。忙完农活回到家，他将野生蘑菇用清水洗干净，然后一直浸泡至26日。由于赵某对所采的野生蘑菇还是有点担心，准备便用大量的大蒜和野生蘑菇同煮十分钟左右。未见大蒜变黑，他便认为蘑菇无毒可食用，随后放心地用新鲜猪肉与野生蘑菇炖汤。下午4点半，赵某一家5人围着小火炉，用蘑菇汤煮着火锅吃。

然而进食后约半小时，赵某的女儿首先出现头昏、腹胀、恶心、全身乏力、视物模糊的症状，呕吐后，喝了一杯温水漱口便被家人搀扶着躺在床上休息。没想到过了一会儿，一同吃饭的几人也相继出现了头昏、恶心等症状。晚上8点，赵某一家5人被紧急送往县医院治疗，入院后医生立即对所有患者进行洗胃、上氧等对症治疗。经过及时救治，所有患者的病情得到了控制，并逐渐好转。县疾控中心接到县医院的报告后，立即派流行病学调查小组赶赴医院进行调查。调查人员在赵某家找到剩余蘑菇，经专家鉴定，导致赵某一家5人中毒的蘑菇为神经精神型毒蘑菇古巴裸盖菇。

2. 卡拉拉裸盖菇 Psilocybe keralensis

形态特征：菌盖直径0.6~3厘米，凸状或近囊状，具瘤脐，光滑，无毛，潮湿时边缘有半透明的细条纹，金棕色至浅棕色，或苍白色至白色，有时边缘为浅橙色。菌褶呈片状，灰棕色或棕灰色，排列紧密，可达5毫米宽。菌柄位于中央，圆柱状，具瘘管，向上半部分为浅黄色，灰橙色或棕橙色向下，表面有细而不明显的絮状，在基部较为明显。

生境：夏、秋季在阔叶林腐殖土上群生或散生。

国内分布：云南、贵州、福建等地。

贵州省分布：六盘水市。

卡拉拉裸盖菇

3. 卵囊裸盖菇 Psilocybe ovoideocystidiata

形态特征：菌盖直径1~4.5厘米，凹凸钻形，光滑，无毛，边缘具半透明条纹，橙棕色到黄褐色，干燥时有时为白色。菌褶片状，由浅褐色到深褐色。菌柄光滑，圆筒状，由上到下有絮状鳞片，中空，基部有白色菌丝体。菌环膜质，白色。

生境：生于腐殖质高的地上。

国内分布：仅贵州省有报告。

贵州省分布：铜仁市。

卵囊裸盖菇

毒蘑菇的那些事

【中毒案例】

2021年3月26日中午，天气微凉，迎面而来的风带着些许湿意，铜仁市松桃苗族自治县某村的陈某和李某正在茶叶基地除草。陈某在除草过程中一直弯着腰，有些乏力，她便直起身子用手轻轻捶了捶腰部。就在这个时候，她不经意间一瞥，发现前方地上长了一片黑顶长柄的野生蘑菇，她赶紧叫来李某，随后两人兴致勃勃地将野生蘑菇采回了家。陈某回家后将野生蘑菇用清水仔细洗干净，用大蒜、酸辣椒搭着野生蘑菇进行爆炒。

餐后半小时左右，陈某出现了头昏、眼花、意识不清、致幻等症状，嘴里还不停地念叨，也听不清楚她在说些什么。大约过了1个小时，陈某的症状一直没有减轻，反而越发严重了，随后陈某被家人紧急送往县人民医院就诊。李某也在餐后半小时左右出现了头昏、眼花、意识不清、致幻的症状，被家人送往县人民医院。由于李某的临床症状和陈某相似，县人民医院立即将此事上报给县疾控中心。27日下午2点，县疾控中心组织专业技术人员前往陈某和李某家进行调查，发现两人有共同的采摘野生蘑菇并烹饪进食史，并且具有相似的临床表现。对烘干的蘑菇样本进行检测鉴定后，确认两人中毒是由神经精神型毒蘑菇卵囊裸盖菇所致。

4. 蝶形斑褶菇 Panaeolus papilionaceus

形态特征：菌盖1.5~3厘米，锥形至钟形，幼时有的近卵形；幼时灰橄榄绿色至橄榄黄色（青黄色），后变浅褐色、土黄褐色、褐色至茶褐色，中部常呈黄褐色，有时带红色调，湿时水浸状，深褐色；顶部常稍凸起或呈乳突状，表面多平滑，有时凸凹不平，具细的丝茸毛，有时整个表面具深色斑点，干时显纤毛状或网纹状，有的表皮裂开或呈龟裂状；边缘常悬有明显的白色角锥状菌幕残片。菌褶直生，中等密度，初浅灰橄榄黄色，后灰色、灰褐色至灰黑色，老后近黑色，表面具深色和浅色相间的花斑；褶缘近白色，细齿状。菌柄长5~11.5厘米，中生，柱状，上下等粗，直，有的近基部稍弯曲，上部或近盖处色浅，浅褐色、浅黄褐色，往下至红褐色或深褐色，纵纹近盖处明显，全柄覆有易脱落的粉末状浅色细茸毛，空心，表皮纤维质。菌肉脆骨质，浅褐色，浅黄褐色至红褐色，具光泽。气味为淡的青草香。

生境：单生、散生或群生于草地或林地牛马粪上。

国内分布：多个省份均有分布。

贵州省分布：黔西南州。

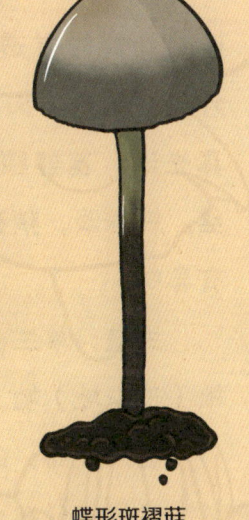

蝶形斑褶菇

5. 双孢斑褶菇 Panaeolus bisporus

形态特征：菌盖1.7~3.7厘米，扁半球形、浅斗笠形至平展，有时近钟形，污白色带褐色或米褐色、灰白色、灰色、灰褐色、褐色，有的带蓝黑色调，中部或顶部常带黄褐色，湿时水浸状，褐色，表面常具细的皱纹或网纹，有时有小坑，具短的丝状茸毛。干时有的具金属光泽且（或）边缘有一深色环带，老熟时有的表面龟裂。菌肉颜色接近菌盖，或浅褐近白色至褐色，有的受伤后变蓝色。菌褶直生至弯生，密度中等至稍密，浅灰褐色、褐色、灰黑色至黑褐色或近黑色，褶宽3~5毫米，具斑点，褶缘色浅或近白色，细齿状。菌柄中生，柱形，长4.5~11厘米，直或稍弯曲，颜色接近菌盖或浅褐色至褐色，近顶部色浅，嫩时或新鲜时有透明感，受伤后变蓝色；具细绒毛和纵纹，外皮纤维质，肉脆骨质，空心，肉褐色，具光泽；基部稍粗或稍膨大，具白色菌丝。气味淡，稍带菌香或青草香味，干时有异味。

生境：单生、散生至群生于灌丛、田地（玉米地）地上或草地上。

国内分布：四川省、云南省、贵州省。

贵州省分布：安顺市。

双孢斑褶菇

第二部分　贵州省常见毒蘑菇类型及中毒案例

【中毒案例】

2021年8月14日，安顺市西秀区蔡官镇某村村民吴某与娄某相约一起回家。正好路过轿子山镇某村知青点后面的山，两人看见了一个蘑菇种植基地。两人都想着采摘一点蘑菇回家，晚饭时可以尝尝鲜，于是，他们一拍即合一起去基地采摘蘑菇。他们心想既然是基地种植的蘑菇，肯定都是没有毒的，便放心大胆地采摘了400克左右。傍晚，吴某将采摘来的蘑菇洗净，和亲戚孙某一起烹饪食用。进食后10分钟左右后，吴某出现恶心、呕吐、视力模糊、头晕、乏力、致幻等症状，随后孙某也出现类似症状。之后，村民将2人送至安顺市人民医院急诊科就诊，医生及时对2人进行洗胃催吐、静脉补液。2人经过治疗后生命体征平稳，暂无生命危险。

安顺市疾控中心值班人员接市人民医院电话报告后，立即将此信息报告相关领导。疾控中心立即组织流行病学调查组人员到市人民医院进行现场调查。2021年8月15日早上，娄某将和吴某一起采摘的还没来得及食用的蘑菇送到医院。调查人员经形态学辨识，初步判断该蘑菇为裸盖菇。2021年8月16日，调查人员将这些野生蘑菇烘干后寄给专家鉴定，最终鉴定该样品是可以引起幻觉的双孢斑褶菇。

6. 毡毛小脆柄菇 Lacrymaria lacrymabunda

形态特征：菌盖直径4~7厘米，初期钟形，后期呈斗笠形，表面被毛状鳞片，初期边缘具白色菌幕残片，黄褐色。菌肉薄，质脆，白色。菌褶离生，浅灰色至灰黑色。菌柄长4~11厘米，质脆。

生境：春、夏季群生于林中地上。

国内分布：东北、西南等地区。

贵州省分布：遵义市。

毡毛小脆柄菇

第二部分 贵州省常见毒蘑菇类型及中毒案例

7. 小豹斑鹅膏 Amanita parvipantherina

形态特征：菌盖小型，直径3~6厘米，淡灰色、淡褐色至淡黄褐色，被米色、白色、污白色或淡灰色的角锥状鳞片，边缘有沟纹。菌褶离生至近离生，白色至米色；短菌褶近菌柄端平截。菌柄淡黄色、米色至白色，基部近球形至卵形，被白色、米色至淡黄色或淡灰色鳞片。菌环上位，膜质，白色至米色。

生境：夏、秋季生于温带和亚热带的阔叶林、针叶林或针阔混交林中地上。

国内分布：华北、华中、华南和西南地区。

贵州省分布：贵阳市、安顺市、毕节市、黔南州。

小豹斑鹅膏

毒蘑菇的那些事

【中毒案例】

2020年7月3日，安顺市平坝区某村村民陈某及其妻子李某做完农活，经山间小路返回家中时，瞧见树林中有几朵蘑菇。他们走近一看，树林下长了一堆黄褐色的野生蘑菇，肉质饱满，看着就很美味，不像是有毒的蘑菇。两人便将树林中的野生蘑菇采摘后装进袋子带回家。回到家中，李某用清水将蘑菇一朵一朵地清洗，用大蒜和盐等调味料煮了一锅蘑菇火锅，夫妻俩和5个孩子围着桌子一起进食晚餐。

晚餐后半小时，5个孩子陆续出现不同程度呕吐、精神差、反应差等症状。晚上9点半，陈某和李某赶紧将5个孩子送到平坝区人民医院就诊。区人民医院接诊后立即对5个孩子进行洗胃、静脉补液促进毒物排除、代谢治疗。进行催吐治疗过程中，3岁的孩子没有呕吐反应，但是出现反应差、嗜睡、唤之不醒等病危症状。5岁的孩子在催吐后，已将胃内容物呕吐出来，但精神反应仍然较差。因区人民医院救治条件有限，5名孩子被转到市人民医院进行治疗。3名病情较轻的儿童在市人民医院儿科门诊进行对症治疗，2名病情危重的直接进入儿童重症监护室进行治疗。

平坝区疾控中心值班人员接区人民医院防保科电话报告后，立即将此信息报告给疾控中心领导及区卫生健康局和市疾控中心。市疾控中心立即组织流行病学调查人员到市人民医院进行现场调查，发现这些病例均食用过自采的野生蘑菇，

第二部分 贵州省常见毒蘑菇类型及中毒案例

并无其他新增病例。7月4日,区疾控中心工作人员同镇卫生院院长、村支书、村卫生室工作人员,在陈某的带领下,到采摘野生蘑菇的树林里采集了陈某等人进食的野生蘑菇。经专家鉴定,认定该起事件是由于误食具神经毒性的小豹斑鹅膏引起的中毒事件。对于陈某一家人来说,这是极其惊心动魄的一个事件,好在5个孩子经过治疗,已痊愈出院。

8. 球基鹅膏 *Amanita subglobosa*

形态特征:菌盖中等大小,直径4~10厘米,淡褐色、皮革褐色至琥珀褐色,被白色至淡黄色的角锥状至疣状鳞片,边缘有沟纹。菌褶离生至近离生,白色至米色;短菌褶近菌柄端平截。菌柄米色至白色,基部近球状,被白色、淡黄色至淡褐色的颗粒状至粉末状鳞片,有时呈领口状。菌环中上位,膜质,白色。

生境:夏、秋季生于亚热带至温带的混交林中地上。

国内分布:东北、华中、华南和西南地区。

贵州省分布:贵阳市、遵义市、黔东南州、安顺市、黔南州。

球基鹅膏

9. 红托鹅膏 Amanita rubrovolvata

形态特征：菌盖小型至中等，直径2~6.5厘米，红色至橘红色，至边缘逐渐变为橘色至黄色，被红色、橘红色至黄色的粉末状至颗粒状鳞片，边缘有沟纹。菌褶离生，白色；短菌褶近菌柄端平截。菌柄米色至淡黄色，基部近球形，被红色、橘红色至橙色粉末状鳞片。菌环中上位，薄膜质，白色至淡黄色。

生境：夏、秋季生于南亚热带及中亚热带的针叶林、针阔混交林或阔叶林中地上。

国内分布：华东、华中和西南地区。

贵州省分布：遵义市。

红托鹅膏

10. 圆足鹅膏 Amanita sphaerobulbosa

形态特征： 菌盖直径 4~7 厘米，扁半球形至平展；菌盖表面白色，被菌幕残余；菌幕残余白色至污白色，锥状至近锥状，从菌盖中央至边缘逐渐变小；菌盖边缘常有絮状物，无沟纹。菌褶离生至近离生，白色至米色；短菌褶近菌柄端渐窄。菌柄长 6~9 厘米，白色，菌环以下部分被有白色纤丝状鳞片；菌柄基部近球形，直径 1.8~2.5 厘米，上部近平截并被有白色至污白色的小颗粒状菌幕残余，这些颗粒常呈不完整的同心环状排列。菌环距离菌柄顶端 1~1.5 厘米，膜质，白色，宿存。

生境： 夏、秋季生于针阔混交林中地上。

国内分布： 湖南省、贵州省。

贵州省分布： 遵义市。

圆足鹅膏

11. 锥鳞鹅膏 *Amanita virgineoides*

形态特征：菌盖直径7~15（20）厘米，扁半球形至平展；菌盖表面白色，被菌幕残余；菌幕残余圆锥状至角锥状，白色，高1~3毫米，基部宽1~3毫米，至菌盖边缘渐变小；菌盖边缘常悬垂有絮状物，无沟纹。菌褶白色至米色，短菌褶近菌柄端渐窄。菌柄长10~20厘米，白色，被白色絮状至粉末状鳞片，后者排列成蛇皮纹状，菌柄基部腹鼓状至卵形，在其上半部被有白色疣状至颗粒状菌幕残余，排列成不规则环带状。菌环近顶生，白色，下表面有疣状至锥状小凸起，易破碎消失，偶宿存。

生境：夏、秋季生于针叶林或针阔混交林中地上。

国内分布：江苏、安徽、江西、湖南、台湾、广东、海南、四川、贵州和云南等地。

贵州省分布：黔西南州、黔东南州、遵义市。

锥鳞鹅膏

12. 红褐鹅膏 Amanita orsonii

形态特征：菌盖直径 3~12 厘米，扁半球形至平展；菌盖表面红褐色、黄褐色，有时淡褐色至灰褐色，中部色较深，有时具辐射状隐生纤丝花纹，被菌幕残余；菌幕残余近锥状、疣状、颗粒状至絮状，有时呈破布状，污白色、淡灰色至灰褐色。菌肉白色，受伤后缓慢变红褐色；菌盖边缘一般无沟纹。菌褶白色，受伤后缓慢变红褐色，不等长；短菌褶近菌柄端渐变窄。菌柄长 7~13 厘米，菌环以上部分污白色，常被蛇皮纹状近白色（偶淡黄色）的鳞片，菌环以下部分污白色，擦伤后变为红褐色，被有灰色、淡褐色纤毛状鳞片；菌柄基部近球状，其上半部的菌幕残余与菌盖表面的菌幕残余同色，常呈环带状排列。菌环上位，上表面白色至污白色，下表面淡灰色。

生境：夏、秋季生于针叶林或针阔混交林中地上，有时也见于阔叶林中地上。

国内分布：吉林、湖北、台湾、广东、贵州、四川、云南和西藏等地。

贵州省分布：六盘水市。

红褐鹅膏

13. 土红鹅膏 Amanita rufoferruginea

形态特征：菌盖中等大小，直径4~7厘米，黄褐色，密被土红色、橘红褐色至皮革褐色的粉末状至絮状鳞片，边缘有沟纹。菌褶离生至近离生，白色；短菌褶近菌柄端平截。菌柄密被土红色、锈红色的粉末状鳞片，基部腹鼓状至卵形，被土红色至褐色的疣状、絮状至粉末状鳞片。菌环上位至近顶生，膜质，易破碎而脱落。

生境：夏、秋季生于南亚热带及中亚热带的针叶林、阔叶林或针阔混交林中地上。

国内分布：华东、华中、华南和西南地区。

贵州省分布：遵义市、黔西南州、黔南州。

土红鹅膏

14. 热带紫褐裸伞 *Gymnopilus dilepis*

形态特征：菌盖小型至中等，直径3~7厘米，紫褐色，中央被褐色至暗褐色直立鳞片。菌肉淡黄色至米色，味苦。菌褶褐黄色至淡锈褐色。菌柄褐色至紫褐色，有细小纤丝状鳞片。菌环丝膜状，易消失。

生境：夏、秋季生于南亚热带及热带林中腐木上或腐烂的竹子基部。

国内分布：华南与西南地区。

贵州省分布：遵义市、毕节市、黔南州。

热带紫褐裸伞

毒蘑菇的那些事

【中毒案例】

2020年9月23日，天气有些炎热，热气像黏在身上一样挥之不去。毕节市金沙县某镇杨某一家决定去爬山，因为山中树多，可以抵挡一些酷暑。杨某在竹林中溜达的时候，发现了一片不知名的紫褐色野生蘑菇。虽然杨某心生疑虑，不知道其是否有毒，但是杨某一家还是将此野生蘑菇采摘回了家。当日下午4点，杨某用清水将野生蘑菇仔细清洗了好几遍，用许多大蒜和野生蘑菇一起煮，然后下了面条。野生蘑菇烹饪过后味道鲜美，杨某及其家人搭着前一天剩下的渣豆腐将野生蘑菇和面条吃得干干净净。杨某说："嘿，别看这蘑菇其貌不扬，吃起来味道还不错。"杨某的家人也点点头："就是以前没有见过这种蘑菇，也不知道有没有毒，有点担心，但是看那竹林和蘑菇都生得干净，应该没事。"

然而事情的发展总是出人意料，对于食品安全是不能够存在侥幸心理的。进食20分钟后，杨某一家3人开始呕吐，躺在床上休息后不仅症状没有得到缓解，而且病情仍在不断加重。晚上6点，3人被紧急送往沙土镇卫生院急诊科进行治疗。医生诊断后发现杨某一家3人的消化道症状较重，均有恶心、呕吐、腹痛、头晕及乏力等中毒症状，身体及精神状况差，便立即对病人进行对症支持治疗。镇卫生院将此情况立即报告给县疾控中心，中心组织专业技术人员前往卫生院进行现场调查。专业技术人员询问后得知3人有共同食用

第二部分 贵州省常见毒蘑菇类型及中毒案例

自采的不知名野生蘑菇史,随后前往杨某家开展流行病学调查,对其食用的蘑菇进行采样。经专家鉴定,杨某等人食用的野生蘑菇为热带紫褐裸伞,具有神经毒性。

15. 赭黄裸伞 *Gymnopilus penetrans*

形态特征:菌盖直径2~6厘米,幼时钟形至凸镜形,后近平展,铬黄色至金黄色。菌肉肉质,白色至浅黄色,味苦。菌褶直生至稍弯生,黄色。菌柄长3~6厘米,淡黄色。菌环白色,纤维质,易消失。

生境:夏、秋季群生或类丛生于针叶树腐木上。

分布:东北、华东、西南等地区。

贵州省分布:遵义市。

赭黄裸伞

16. 多色杯伞 *Clitocybe subditopoda*

形态特征：子实体小型至中型。菌盖直径0.9~4.1厘米，初期中部稍钝状凸起，后渐平展，中部稍下凹，幼时浅黄褐色，后向边缘逐渐变浅，边缘黄白色或白色，水浸状，边缘有条纹，不粘。菌肉白色，薄，无明显气味。菌褶白色或乳白色，延生，密，褶幅宽，不等长，边缘平整。菌柄长5.9~7.9厘米，表面被有白色纤丝，水白色，中实后中空，常弯曲状生长，基部稍膨大，具有白色菌丝束。

生境：夏、秋季群生于针叶林、阔叶林或混交林树针层和落叶层。

国内分布：东北、西南等地区。

贵州省分布：黔西南州。

多色杯伞

17. 毒鹿花菌 Gyromitra venenata

形态特征：子囊盘高10~15厘米，直径4~8厘米，不规则，脑形，初时光滑，逐渐多褶皱，红褐色、紫褐色或金褐色、咖啡色或褐黑色，粗糙，边缘部分与菌柄连接。菌柄长4~6厘米，往往短粗，污白色，空心，表面粗糙而凹凸不平。

生境：春季至初夏多单生或群生于林中地上。

国内分布：东北、华中、西南等地区。

贵州省分布：毕节市。

毒鹿花菌

六、让人见不得太阳的类型——光过敏性皮炎型

在我国，光过敏性皮炎型毒蘑菇主要有两种：一种是污胶鼓菌，另一种是叶状耳盘菌。

污胶鼓菌和叶状耳盘菌的中毒症状相同，属日光过敏性皮炎型症状。潜伏期较长，最快食后3小时发病，一般在1~2天内发病，主要表现为"日晒伤"样红、肿、热、刺痒、灼痛。开始多感到面部肌肉抽搐、火烧样发热、手指和脚趾疼痛，严重者皮肤出现颗粒状斑点、针刺般疼痛、发痒难忍，发病过程中伴有恶心、呕吐、腹痛、腹泻、乏力、呼吸困难等症状。在日光下症状会加重。4~5天后渐好转，病程长者可达15天。

分布于贵州省的此类型毒蘑菇疑似有叶状耳盘菌。在遵义市报告过一起疑似叶状耳盘菌中毒事件，在该起事件中没有采集到致毒蘑菇样品。专家根据病人对其采食的"野生木耳"的描述和其出现的中毒症状，高度怀疑病人采食的蘑菇为叶状耳盘菌。

叶状耳盘菌 Cordierites frondosus

形态特征：子囊盘宽直径1.5~3厘米，花瓣状、盘状或浅杯状，边缘波状。子实层表面近光滑。囊盘被有褶皱，黑褐色至黑色，由多片叶状瓣片组成，干后墨黑色，脆而坚硬。具短柄或不具柄。

生境：夏、秋季生于湖南、广西、陕西、云南、贵州（疑似）等地。

分布：主要分布于东北和华中地区。

贵州省分布：遵义市（疑似）。

叶状耳盘菌

【注】此种极似木耳，木耳产区误食中毒事件多发。

木耳（可食用）

七、在贵州省暂无中毒报告的类型——溶血型

在我国，溶血型毒蘑菇主要是桩菇属物种，误食后症状出现快，一般30分钟至3小时即出现恶心、呕吐、上腹痛和腹泻等肠胃症状。不久后溶血的发生导致尿液减少甚至无尿，尿液中出现血红蛋白及身体出现贫血。溶血会导致急性肾衰竭、休克、急性呼吸衰竭、弥散性血管内凝血等并发症，能显著增加死亡率。

在我国大部分相关文献中，都将鹿花菌素所引起的中毒归为溶血型，由于其症状主要表现为中枢神经系统障碍，国际上目前将鹿花菌素引起的中毒归为癫痫性神经中毒类型。

贵州省暂无溶血型毒蘑菇引发的中毒报告，在调研工作中也暂未发现此类型蘑菇。桩菇属物种中最著名的为卷边桩菇。

卷边桩菇